Intellectual Property • Cewebrity • We Media

自媒體

網紅聖經

沙發上的idol・客廳裡的IP・宅達人攻略版

成為知識網紅，贏在未來！

網紅百百種，但我邀請張淯社長撰寫這本書，要強調的是，如何成為一個「知識型網紅」。而我所定義的和所接觸的網紅就是「知識型網紅」，也就是現在大陸喊得震天價響的IP。IP意謂著他是有知識、有水準的專家，他所寫的內容被廣泛地點閱，甚至也有可能改編成電視劇、改編成電影，甚至寫成書，我指的是這一類的網紅。比方說，我很喜愛的「羅胖」，就是最具代表性的知識型網紅成功案例。

看到網紅在兩岸這麼盛行，我的集團應該也要出一本網紅指標性的專業書籍。於是我開始尋找橫跨兩岸、能夠打造網紅最厲害的團隊，經過多方探索之後，發現轉型後的「獨家報導集團」，在打造知識型網紅上，是一個非常厲害的團隊。現在的《獨家報導》早已脫胎換骨，轉變為一個以影音為主的專業團隊，用影音、影片與各種資訊流的方式來打造一個人，讓一個人從nobody變成somebody。

經我多方打聽，很多人都是因為靠他們打造而成為網紅，所以我極力邀請張淯社長來主寫、主編、主撰這本《網紅聖經》。沒想到張社長很阿莎力，一口氣就答應下來，對於本書的付梓，我樂見其成並且引頸期盼。

張淯社長對於媒體局勢的演變有著透徹且精闢的見解！社長也曾與我對於媒體發展有過一番長談，對於眼下這個席捲世界的新趨勢，我們都相當關注！張社長的著作更貼近台灣環境，想要搶搭這股產業革命，本書絕對是不二之選。不要遲疑，趕快翻開書，體驗掌握新時代，贏得未來的滋味！

王擎天

推薦人 采舍國際集團董事長
王擎天

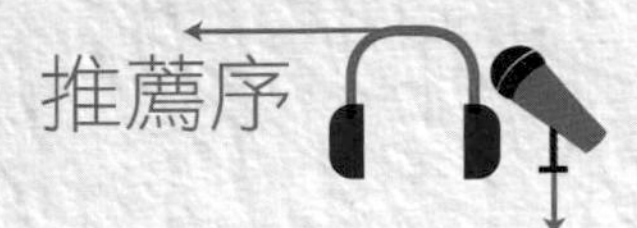

網路世代，音樂人的新課題

對一個音樂人來說，我非常能夠體會「數位化」的衝擊。網路幾乎改變所有產業的運行規則，只是在音樂的世界裡，這個浪潮來得快又明顯。

我發現這幾年，有不少音樂人是從網路而來，與早年必須透過星探或是唱片公司的層層審核，才有機會發片完全不同。現在人人都可以透過各種平台，無論直播或是Youtube，就可以唱歌給全世界的人聽，只要廣受矚目，累積群眾，有自己的粉絲，就有機會出數位單曲。

過去被唱片公司壟斷的時代已經過去，現在知名網路歌手或樂團的點閱率動輒幾百幾百萬，這樣的成績甚至比主流唱片公司培育出來的歌手還要優異。而網路具有跨地域和免費的優勢，幾乎取代傳統媒體，讓唱片公司的生存變得愈來愈困難。

這幾年，我個人也透過社群平台持續與粉絲互動，深刻感受到網路的力量，每每看到粉絲給我的支持，我深受鼓勵，即使淡出螢幕一段時間，但我仍能在社群平台上保有人氣，這絕對是傳統媒體達不到的效果。

適逢張淯社長出版《網紅聖經》這本書，我閱讀以後，對張社長提出的各種見解與方法如醍醐灌頂。如果你想在網路紅海中突圍，成為萬眾矚目的新星，你一定可以從《網紅聖經》中，找出最適合自己的造星之路！

推薦人 知名全方位藝人
方季惟

想紅想賺錢的
企業主必讀的好書

與張淯張社長結識至今多年，我一路看著她帶領《獨家報導》大破大立：從重整到創設數位影音事業，再到建構跨媒體平台。從平面經營再到數位整合，張社長看見網路潮流，緊跟世界脈動，在眾多傳統媒體頻傳收山的今日，張社長為《獨家報導》這塊老字號招牌找到新的立足點。

張社長不只眼光獨到，更將媒體資源廣為與企業主分享。她深知台灣有非常多實力堅強的中小企業主，但是卻苦無曝光的機會，因此成立《名人堂國際娛樂》，為這些不被認識的小老闆們打造品牌，協助它們提高知名度，讓更多正在為台灣打拼、創造經濟的中小企業主被消費者知曉，甚至通過網路被全世界看見。

我所創立的「紳裝西服」，這一、兩年來業績蒸蒸日上，不僅國內訂單增加，是甚至也新增許多國外客戶，正是獲益於張社長打造的跨媒體平台。藉由《獨家集團》的平面、影音、網絡等多元管道，再加上行銷團隊的量身打造，「紳裝西服」品牌快速廣為人知，前進全世界。

張社長《網紅聖經》這本書集合她多年來的媒體及行銷經驗，解密網紅如何誕生、如何塑造，以及在這個網路時勢造人的年代，如何通過網路建立個人品牌，為企業創造商機。

這本書現在已經被指定為「紳裝西服」團隊的必修讀物，我在此也推薦給所有企業界朋友，不論您在奮鬥什麼樣的事業，都不能不認識網路經濟，因為未來的市場就在網路！如果沒有時間讀這本書，也一定要來找張社長，由她的團隊來為你量身打造，想紅，找她就對了！

推薦人 紳裝西服創辦人

李萬進

李萬進

網紅不能只靠顏值，IP才是王道

十多年前，我們幾個研究生創立「無名小站」時，只是單純集合相簿、網誌、留言板的部落格平台，身為創辦人之一的我從沒想過，這樣一個單純讓人抒發日常心情的空間，最後竟然造就無數網路名人。

尤其許多素人正妹在「無名相簿」露出後，竟快速爆紅，進而捧紅無數宅男女神，現在想來，當時的「無名正妹」就是今日網紅的始祖！

正妹人人愛看，在網路直播熱潮下，造就另一批新網紅正妹竄起，只是現在的正妹，光有顏值已遠遠不夠。在互動科技下，需要考慮的不只是身材、臉蛋，而是思考如何與粉絲對話與交流，有深度、有內涵，才能長久吸引粉絲關注。

張滑社長的《網紅聖經》，正是向我們揭示了現代正妹網紅的經營之道。網友對正妹時常戲稱：「明明可以靠臉吃飯，偏偏要靠才華」，這也正是張社長在本書所言，在求新求變的網路時代，顏值只是一時，實力才能永久。正妹網紅若要持久經營，一定要走向IP，這才是在網紅界立足的根本之道！

推薦人 Flying V創辦人

林弘全

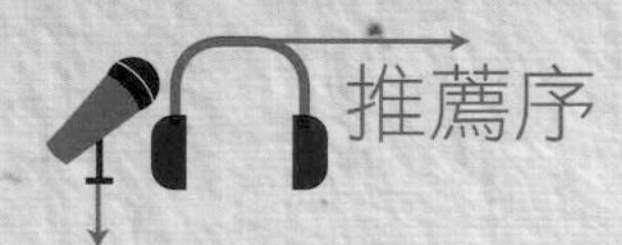

一本讓你成為網路天王天后的寶典

我與張淯社長的結識，是在2012年舉辦的選秀節目《亞洲天團爭霸戰》，當時張社長不只與我談節目，更與我暢談未來平台的走向，沒想到，才短短幾年，她當初告訴我的現象，竟然一一應驗。

我們知道，兵貴神速，成功的最重要元素就是Timing！而且必須是Good timing！

隨著網路的崛起，近十年來，只要是跟網路搭上邊的，基本上都有出頭的機會；而自媒體的形成，更讓「網紅」如雨後春筍般地出現！

確實，近三年來，已有不少藝人轉往社群平台發展，在粉絲團上經營群眾，順利將藝人的知名度延伸至網路，並且透過銷售與代言賺取好幾桶金。

只要你跟他們一樣，能夠掌握到這波時機，哪管是小人物也能成為大明星，小蝦米也能扳倒大鯨魚，你同樣也能從被大企業壟斷的商業模式中，賺取好幾桶金。

開卷有益！專家已經把必紅的撇步大公開，接下來如何成為一個成功的網紅，如何創造厲害的網紅經濟，那就要看你了！

推薦人 兩岸知名主持人

吳宗憲

網紅聖經，窮人的原子彈

過去我曾提到，「網路是窮人的原子彈」，這是因為網路具有爆發性，為所有想紅的人創造無限機會與希望。

我在創辦女性O2O媒體MAKER後，虛實整合線上與線下的資源；接下C CHANNEL台灣代理人後，更聯合MAKER、C CHANNEL等資源，打造美妝產業上下游整合的模式；且在C CHANNEL的粉絲專頁上，可以隨時等觀賞到活躍的台灣Clipper們所發布的影片，只要有心，人人都是網紅。

一個行業的興盛，背後都是一整個產業鏈的運作，網紅經濟也是如此，必須靠團隊的力量發揮綜效。而《獨家報導》張淯社長順應此一趨勢，建構《網紅孵化器》，透過數位平台的擴建，挖掘更多來自世界各地的創意人才。

現在，張社長把她多年打造網紅的心得，編纂成這本書。很高興看到終於有資深媒體人出版這本書，想成為網紅的人，一定能從本書找到你要的答案。

推薦人 MAKER創辦人
張倫維

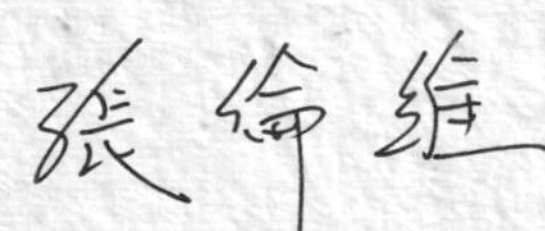

推薦序

直播APP，壓垮電視的最後一根稻草

在我任職於LINE公司時，捧紅不少插畫家，他們從虛擬世界LINE發跡火紅，在網路平台上聚集大量人氣，進而讓設計無限延伸，走進實體通路，開發大量的周邊商品，名利雙收，儼然成為新一代網紅。

網紅之所以成為一門好生意，與直播大行其道有極大關係，我曾經說台灣直播在未來六個月只會有一家存活，是因為直播生態是一個鐵三角，必須「平台方」、「內容產製方」和「觀眾方」這三方都滿意了，這個生態才能走得下去；而能留住多少用戶、能創造多少鐵粉，更是其中關鍵。

雖然，外界對經營直播平台存有疑問，但網紅產業不是泡沫，而是一個翻轉產業，只要善用科技，任何人都能對世界發揮影響力。

在本書中，《獨家報導》張淯社長分享如何成為網紅的實際策略和方法，只要你能領悟箇中技巧，那麼邁向網紅之路的契機就在你的掌握之中！讓張社長帶領你創造「網紅自品牌」吧！

前LINE台灣區總經理
陶韻智

陶韻智

聖經密技，啟動網紅之路

說起我與張淯社長的認識，已經有十幾年之久，我看著她一肩扛下重新打造《獨家報導》的任務，並將它從老媒體帶向新媒體平台，非常感佩她的決心與遠見。

數位世代來臨，每個人都必須接受這個浪潮，我也從電視走向網路平台，藉由數位科技跟更廣大的粉絲互動，完全從中感受到數位科技的魅力。

我最佩服張社長的，就是她不只掌握時機，而且是早在多年前就看到這個趨勢，並在短短幾年打造出全方位的平台，也成功打造出無數知名企業家網紅。現在，張社長把她打造素人網紅企業家的實戰手法撰寫成冊，鉅細靡遺的分析網紅經濟，以及大家最關心的，如何才能成為網紅的訣竅，完全不藏私地全部大公開。

想要快速成為網紅，並且走得長遠，更重要的是——還能轉化成現金賺到錢，你（妳）一定要來看這本書，誠摯推薦給大家。

推薦人 風水命理界教父

謝沅瑾

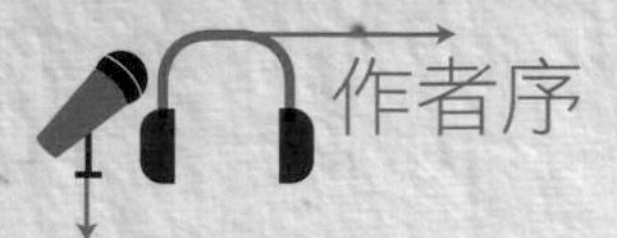

作者序

勢不可擋的網紅淘金時代

大陸知名網紅張大奕在兩小時內成交八千萬，年收入比天后范冰冰還要高；同時她更坐擁四百多萬粉絲，人氣比許多一線明星還要高。

網紅正在打破這個世界運行的定律，無論個人還是企業家，每個人都可以透過互聯網，在各種平台上大鳴大放，但前提是，你必須用對方法。

網紅是近兩年才興起的新名詞，但網紅卻不是近年才有的現象。從十幾年前開始，不同的網路世代皆有代表性的網路紅人，他們以文字、圖片、影像到現今的直播等各種模式，透過網路親自與粉絲互動，聚集粉絲，打造人氣。

直到近兩年，拜科技所賜，人氣變現金，讓網紅經濟正式成為一門顯學。但不可否認，網紅也因直播濫觴，一群參差不齊的「主播」們，正在快速消耗網紅的價值，難免讓人質疑網紅將如曇花一現，冷眼看他們究竟能興盛到幾時。

但無論你對網紅是否認同，現在粉絲的眼球已經轉移到手機，網紅的現象已經是不可避免的趨勢。我認為，一個要走得長遠的網紅，不能再單純的只是告訴大家如何吃喝玩樂，而是一個能帶給大家不同觀點的達人，最重要的是一定要能塑造出個人特色，要不斷傳達出「你是值得追隨」的訊息。

從我七年前接手《獨家報導》的經營權以來，我不斷在思考，如何在日漸式微的紙媒殺出一片天地，而如何為「想紅的人」創造平台，就是機會。因此我除了與知名製作人李方儒、名主持人吳宗憲共同製作選秀節目《亞洲天團爭霸戰》，為台灣挖掘更有潛力的未來新星；更成立《名人堂國際娛樂》，透過各項平台，把台灣的隱形冠軍、中小企業主打造成為家喻戶曉的企業名人。

很多人都有疑問，企業家們為何不好好的經營企業就好，要把自己塑造成網紅？那是因為我看到，企業領導人必須成為網紅的趨勢！

根據一份數據統計顯示，現在的年輕人愈來愈難取悅，他們極為在乎品牌CEO在社交平台上的言論，千禧世代的年輕消費者認為，CEO必須針對社會問題提出明確的觀點；更有超過半數的消費者明白表示，會想購買由直言不諱的CEO所領導的公司的產品。

這就是近年興起的「CEO行動主義（CEO activism）」，在未來，企業的社會定位、領導人的言論是否符合個人價值觀，將成為消費者選擇品牌的關鍵。

在CEO行動主義開始之前，《名人堂國際娛樂》就已經在朝這個方向執行，並且已經有許多傲人的成果，不只提升企業家的知名度，更帶動企業營收的成長，成功創造三贏的效益。

因此，有幸獲得采舍國際董事長王擎天博士的邀請，把我這幾年來操作素人企業家的心得，整理成這本《自媒體網紅聖經》，與所有有志投入這個領域的讀者分享。

本書從分析爆紅網紅的經營模式開始，探討這些個人和企業如何引爆品牌，進而塑造互聯網時代的超級IP，持續打造以內容為核心的經濟鏈。讀者們可從這些分析中找到自身的定位，找出自己的特色與專長，定位自己的角色，將自己的人格品牌化。

有了自我定位，接下來則教導讀者，想要打造群眾魅力，要如何產出吸睛內容；接下來如何「互粉」，與粉絲建立綿密的關係，最後讓粉絲掏錢埋單變現金。

本書從理論、歷史、趨勢與實際操作，循序漸進地，一步步告訴讀者成為網紅的秘訣，絕對是一本實用的操作手冊。

自動化時代，每個人隨時都會被科技與機器人取代；自媒體時代，人人都必須設法在網路上找到群眾，唯有如此，才能為自己打造不被取代的優勢！

你想成為網紅嗎？你想循成功的網紅模式引爆企業品牌嗎？你想從默默無聞到家喻戶曉嗎？你想從網紅經濟中賺到第一桶金嗎？本書絕對是你必讀的《自媒體網紅聖經》！

獨家報導集團創辦人 張濟

目錄

網路時代全新產物——解密網紅

全民Show Time——自媒體時代

不容小覷的網紅新貴

新商機再起！無限IP紅利大方送

如何站在世界中心成為網紅

附錄

網路時代全新產物——解密網紅

- ☑ 揭開網紅檔案
- ☑ 時勢造網紅
- ☑ 回首網紅來時路

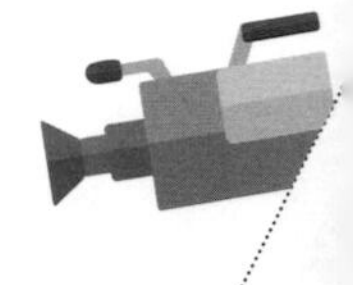

揭開網紅檔案

你有沒有發現跟周遭的人講話愈來愈沒有交集，而且愈來愈聽不懂；你在每年 11 月 11 日有沒有加入搶購熱潮；你沒有發現你經常聽到的名字，不太像是人名，而且在報紙上都找不到。如果以上這些問題都曾發生在你身上，那就表示你是屬於極少從電腦或手機上關注新聞時事或流行趨勢的族群。

我們舉一則網路求才廣告文案為例，這份工作的錄取前提是必須了解網路十大用語：⑴一覺醒來居然上熱門；⑵大雄上班囉；⑶ ob"ov；⑷ 87 分不能再高；⑸五樓樓上是四樓；⑹ 6666666；⑺聊天室 7 起來；⑻ 8 ＋ 9 ＝ 17；⑼姆咪智障；⑽台灣人真愛說廠廠。

讀到這裡，你是否有種怎麼每個字都認識，拼湊起來卻不知道在表達什麼的茫然感。這些網路流行用語雖然屬於社會的次文化，但也確實展現了生動有趣的新世代風格；更甚的是想掌握新時代的網路經濟脈動，那更是不能不重視它，因為這些次文化，就是主宰所謂「網紅經濟」的主流文化，就是潛藏的主流民意。

事實上，就連政府機關也必須經常注意網路「鄉民」的一舉一動，為什麼「鄉民」這麼重要？就是因為「鄉民」或是「網軍」的力量不容小覷，甚至還曾顛覆過世界上好幾個國家政權。

因此，掌握「鄉民」們流行什麼，就是掌握了未來，現在就讓我們掌握最引爆熱潮的議題——「網紅」！

網紅怎麼解？

「網紅」，是中國大陸的用語，為網路紅人的縮寫，英文叫作 Internet Celebrity（網路名人），也可以寫成 Internet Sensation（造成轟動的人）或是 Internet Phenomenon（非凡的現象）。網紅甚至誕生了新創詞彙——Cewebrity，由 website（網站）結合 Celebrity（名人）而成。

顧名思義，網紅泛指因為某事件（行為），或一系列事件（行為），透過網路傳播，迅速受到關注而成名者。這些不單指人，也可以泛指動物、事物等；而網路，亦可以是各種媒體或是社交平台。

在談論網紅話題時，時常被人提起的名言即為美國著名 POP 藝術家安迪・沃荷（Andy Warhol）著名的嘲諷，名為「十五分鐘的名譽（15 minutes of fame）」。他說：「在未來，每個人將會成名十五分鐘。（In the future, everyone will be world-famous for 15 minutes.）」安迪・沃荷的下一句話則解釋這句話的含意：「潮流的壽命還比不上用完即棄的紙尿布或保險套。」因為他的成就是致力於把藝術和商業作結合，透過大量複製並以生產線來製造藝術作品。這種轉變時代的 POP 作品，有著強烈吸睛的表象，雖然不意謂沒有深刻的內涵，但是這些內涵尚未被深層欣賞之前，可能已經被下一個產品所取代。安迪・沃荷的創作理念，或許早已印證了未來藝術作品的趨勢。

這句名言，在網際網路興起之後，被改編成：「在未來，每個人將會成名於十五個人之中。（In the future, everyone will be famous to fifteen persons.）」或是：「在網路上，每個人將會成名於十五個人之中。（On the Web, everyone will be famous to fifteen persons.）」

台灣的網紅現象可追溯到十幾年前，那時興起許多真人實境秀的節目。電視台為了積極與觀眾互動，增加觀眾的新鮮感，讓觀眾感受上電視的感覺，開啟素人登上螢光幕之路。這些影片藉由網路快速且廣泛地傳播開來，因而催生了網路紅人。

其實從民間發掘演藝素人，更早之前就已經存在，電視台錄製現場節目找觀眾來參與，而參與的觀眾，有些也會因而踏入演藝圈，例如五燈獎的張惠妹。當年張惠妹在參加五燈獎的時候，可能根本就沒有多少人會認識她。但是現在不一樣了，歌手參加電視節目，他的知名度會被親朋好友從網路上瘋傳（go viral），把名氣加倍放大。

網路宣傳力

藉由網路力量傳遞訊息的形式歷經數次變革，一開始是電子郵件，在 WWW 成熟之後，就有許多社群媒體（social media）類型的網路平台被創造出來。

人們使用社群媒體來交流意見、觀點，也分享創作、資訊及經驗，就像一個虛擬社團一樣。社群媒體與大眾傳媒有所不同，用戶在這裡可以對有興趣的閱聽社群進行選擇、編輯、互動。而且社群媒體能夠以多種不同的形式來交流，包括文字、圖像、音樂和影片，讓人可以用各種方法來表達和獲取資訊。

現今社群媒體的傳播型態包括了 blog（部落格）、

vlog（影像部落格）、podcast、YouTube、Wikipedia（維基百科）、Facebook（臉書）、Instagram、plurk（噗浪）、Twitter（推特）、網路論壇、Snapchat 等等。到最後甚至有些入口網站也加入類似功能，例如 Yahoo、Google+、百度、PChome 等等。

這些社群媒體平台，各有不同的功能，傳播的力量也不盡相同。最早紅極一時的部落格，分享個人經驗及生活心得，聚集了搜尋生活資訊的粉絲，累積個人人氣。而後出現網路社團，網友可以在此討論個別的主題，甚至發展成一些社團的官方網站，如慢壘協會就在網路社團中傳遞比賽資訊。有些討論的知識愈來愈深入，知識型主題的社群網站也接著登場，最重要的指標是維基百科，幾乎成為教科書的標準，而且知識層面比教科書更加廣泛。後來臉書的出現，網友可以分享個人動態，網友在網路上互動日益熱烈，也改變了社會上的人際關係。

常見的網路社群

社群型態	範例
分享個人經驗及生活心得	PChome 新聞台、無名小站、痞客邦、UDN 網路城邦
網路社團及通訊	Mobile01、Line、Wechat

討論知識主題	維基百科、棒球維基館
社交，分享個人動態	臉書、推特

在 21 世紀初期的網路平台，大都是以美國為領頭羊。最早一開始讓使用者擁有免費電子郵件信箱和雲端硬碟，例如：Yahoo、Google，大大降低用戶上網的門檻，甚至新創公司的電子郵件，就直接使用這些信箱。隨後社群平台接著出現，但是真正讓用戶大量湧入的，則是 YouTubc。

YouTube 的出現，開啟網紅潮的序幕，美國從 2005 年進入大量網紅誕生的時期。YouTube 上傳的影片，有從電視節目剪輯而來，也有許多自行創作的內容。很多具有才華的音樂從業者，如韓裔原創歌手 David Choi，便在 YouTube 擁有百萬粉絲。很多從業者，原本都不是以營利目的為出發點，但是聚集粉絲之後，影響力跟著水漲船高，也踏上職業這條路，例如：加拿大歌手小賈斯汀 Justin Bieber，就是從網紅出身。

在 YouTube 之後，出現了以社交為主的網路平台，例如臉書、Instagram 等等，其中 Instagram 主打圖片路線，催生了另一批網紅。在美國，Instagram 一開始的市占率並不輸給臉書，但是 2012 年，臉書買下了

Instagram，正式獨霸全球的網路社交界。那幾年間，智慧型手機開始普及，行動上網進入一般人的生活之中，大家很容易以手機上傳、分享照片，每個人可以隨時隨地跟朋友分享現況，一張圖片就可以取代一段文字。智慧型手機快速改變使用者的習慣，所以當手機所屬的Android版軟體甫推出，一天之內就被下載超過百萬次。

從自娛娛人到攢錢達人

自此，網紅開始朝向如何把名氣變成實利（變現），並且逐漸發展成商業目的，把原本只是單純與好朋友分享的網路平台，轉而成為商業戰場。

嗅到這股商機，YouTube推出聯播網（MCN，Multi-Channel Networks）的模式，投入資本作為後盾，打造創作者的創作平台，協助完成商業變現。根據市場研究公司Ampere Analysis的一份報告指出，YouTube的前100名MCN的點閱率，占當月點閱率的42%，總值接近100億美元。

美國的網紅起步非常早，但是網紅變現的發展比較慢。事實上，若不在網紅的商機上搶得先機，便會錯失接下來的機會。

2016 年，中國大陸正式把網紅當作一項產業，對大量商機攻城掠地。2016 年 6 月，微博和榮耀聯合主辦的「2016 超級紅人節」；同時在上海高峰論壇，由新浪微博資料中心和艾瑞諮詢共同發表「2016 網紅生態白皮書（2016 Ecological Network Red White Paper）」，首次全面盤點網紅現狀，分析網紅經濟發展趨勢，把此市場正式升級為新的商業模式，並且將之作產業化，對此商機展現強大企圖心。艾瑞諮詢集團（iResearch）是一家研究公司，研究網路媒體、電子商務、網路遊戲、無線增值（無線通訊創造價值）等等，這些都是 2000 年之後，網路世代所興起的商業模式。

「網紅白皮書」把當前網紅發展的主戰場放在影音、直播和電子商務。社群網站的短影片成為連結網紅和粉絲的重要管道。統計微博在 2016 年 3 月，每日平均影片點閱率比同期增長 489%，最紅的網紅「Papi 醬」在微博上傳的 69 個影片項目，總共被點閱達到 2.46 億次，占全部的 45.6%。而與電子商務平台合作的網紅，也大量帶入微博的流量。2015 年，在微博電子商務平台的用戶已逾 100 萬，而在微博電子商務平台上交易用戶突破 4800 萬人民幣。

「網紅白皮書」把網紅的原因歸類在：技術驅動、

商業驅動、大眾需求、社會氛圍。其實這都不是什麼新的概念，回想電視的興起、黑白電視轉為彩色電視的年代，也是相似的道理，只是消費者的使用習慣發生改變。前面兩項因素是科技必然的成果；因此，哪位商人掌握後面兩項，誰就掌握了成功的機會。

於是打從 2015 年底以來，不少人已經開始對網紅經濟試水溫，在網紅產業鏈條各環節尋找投資機會；在 2016 年，資本正式介入這個戰場，讓網紅產業鏈更加完整。

而網紅之所以獲得資本市場的認可，是因為網紅確實已經有產生內容的能力，以及被持續關注的條件。

我認為網紅經濟最關鍵的里程碑，就是 2015 年到 2016 年出現了「變現」模式，「直播、平台、支付」打造的鐵三角，成就網紅經濟的最後一哩路。現在，大陸股市也出現網紅概念股，包括影視文化、動漫音樂、通訊、網路零售、紡織服裝等多類股，同樣受惠於網紅經濟的成型，這已成為勢不可擋的趨勢。

相較於大陸看似火紅發展、實則陸續進行緊縮的網紅市場，我認為台灣目前發展網紅的方向更趨向實業家的作法，對於想要投身網紅界的素人來說，現在正是大舉進軍的最佳時機。

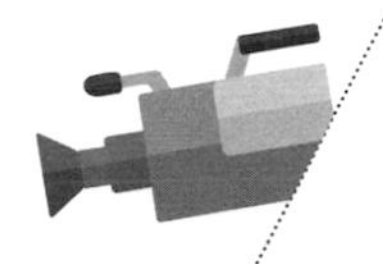

2 時勢造網紅

科技的進步和時代的思維，決定群眾的行為；而群眾的行為又牽動著科技的進步和時代的思維。

因為科技，沒有距離

網紅的崛起，無疑拜科技所賜，科技的進步不斷改變人類的行為，也讓社會文化不斷地更迭。

在 1995 年 2 月，Casio 發表第一款擁有 LCD 螢幕的數位相機，正式把數位相機跨到了民生消費的時代。以往攝影並不是件簡單的事情，除了昂貴的照相機之外，還要懂得拍照技巧，最後還得經過照相館的底片沖洗手續，且所費不貲。但自從數位相機誕生後，消費者自己可以很輕易地拍攝，也不需要花費底片的費用，而且還可以自己沖印、傳播照片，攝影的入門門檻降低，攝影器材的普及率相對提升。數位相機的進步，不斷地提高圖像的品質，也精進了拍攝模式。即使一個人沒有照相技術和攝影技巧，也可以用很便宜的價格買到數位相機，並且很輕易地拍攝出高質感的圖像。甚至到了 2000 年，Sony 開始把 CCD、鏡頭全部整合在一起，許多手機業者開始把照相功能移植到手機上，進入另一個圖像新紀元。

軟體的進化，也直接牽動產業的發展，台灣曾經規劃了兩兆雙星產業，其中的一顆星，指的是「數位內容」產業，包括軟體、媒體、網路服務、出版、電玩、影音、動畫等領域。

除了談及上述影像尺寸可以壓縮到很小的數位相機以外，影音的革命，最早先從音樂開始。MP3 的出現，顛覆了唱片工業的生態，原本到處找員警取締盜版的唱片公司，看見音樂產品在網路上流傳，不得不妥協，不能跟上數位時代的唱片公司也紛紛倒閉。

檔案的迷你化，除了可以大量複製之外，也能快速上傳網路。這麼一來，讓「十年寒窗沒人問」的地下音樂工作者，可以不必透過唱片公司，就輕鬆地發表作品，所以 MP3 可以算是網紅的催化劑。

但是 MP3 只能聽，不能看，不能滿足普羅大眾追求視覺的需求。YouTube 的出現，則是完全改變了影音市場的生態。YouTube 最大的突破是不必把大型的檔案全部下載完畢，就可以立即觀賞影片，更符合現代人追求「即時」的特性。YouTube 開始製造大量的網紅，每個人都可以很輕易成為演員及擔任導演，自編、自導、自演，然後把製作的微電影上傳到網路上。

網路的發展，係從 1969 年美國加州大學（UCLA）和史丹佛大學（Stanford）兩個實驗室電腦連線成功，演進到今天成為網際網路（Internet）。從消費者層面來看，網路的頻寬也愈來愈大。網路世代也是隨著科技的進步，不斷地在改變消費者行為。在 1995 年以前，電話撥接網路的時代，只能少量地傳送文字，甚至不懂得設定 Modem 的消費者，也不會撥接上網，那時候的媒體就是 BBS。等到後來的光纖網路出現，擴展了頻寬，開始有 Homepage（WWW）。各商家可使用 WWW 廣告，正式開啟數位通訊時代。

2G

2000 年 2G 手機引進網路，發展出智慧型手機，消費者可以連上網買賣股票、搜尋商家。而智慧型手機的進步，從 2G 開始，一直到 3G、4G，到了 2020 年東京奧運將正式採用 5G，每個階段都讓使用者行為產生變化。

最早的 BBS 時代，使用族群以學生為主，範圍大多局限在校園內，傳遞內容為文字的表達。到了Homepage的世代，適逢數位相機的崛起，除了文字之外，還可以放入照片，成為較豐富的圖文式內容；個人部落格也隨之興起，個人商家、網拍賣家也陸續增加。進入2G時代，使用者可以把通訊設備隨身帶著跑，例如：記者到了新聞現場，拍張照片，輸入文字，便可以發稿。

3G世代，頻寬大量開通，手機影音也開始大量應用。這時候伴隨興起的，是臉書這一類的社群媒體，而部落格也漸漸退場。社群媒體厲害的地方在於可以讓使用者在不知道對方姓名的情況下，進行未知領域的探索及互動；而臉書可以從使用者的周遭搜尋共同的朋友，讓使用者之間的互動更加緊密結合。4G世代，則是影音的大爆發時期，低頭滑手機成為了全民運動。

近幾年，許多新購屋或租屋的年輕族群也不再購買電視了，因為網路上就可以收看傳統電視節目、有線電視、電影、連續劇、體育節目等等。甚至，他們不再申請有線電話。

手機通訊的演進

類別	功能	興起年代
2G	簡訊	1991
3G	簡訊、上網	1998
4G	簡訊、上網、影片	2008
5G	簡訊、上網、影片、高畫質影片、短距離人資料	2019

3G

到了 3G 世代的中期，隨著影片處理技術的成熟，更降低使用者上傳資訊的門檻。使用者省去了拍照的對焦取景技巧，儘管影片不夠精緻，但相較於靜態的圖像，動態影片可以讓欲傳遞的訊息更一目瞭然。使用者不必再寫冗長的文章，只要傳輸一個影片，閱聽人便可以輕鬆接收訊息。

4G

邁入 4G 時代，甚至出現了直播功能，每位使用者都隨身放著「SNG 車」在口袋。試想消費者行為，假設中華隊在深夜時段進行國際賽事，民眾爬不起來看轉播，於是以錄影方式留存，那麼隔天球迷會真的坐在電視機前面看已經錄好的轉播嗎？答案是不會，因為不是 Live 就失去了臨場那種緊張的氛圍。我相信進入 5G 時代，能夠呈現高畫質的直播影片，勢必將再次衝擊電視台的節目製作型態。

「沒有藝術只好靠技術」是很多使用者的自我提升的小祕訣。不會唱歌可以靠混音；不會照相可以靠修圖；不會表演可以靠剪接，而這些技術，不用走進專業錄音室或暗房就能做到。現在這些技術，一般的普羅大眾已經可以輕易取得，甚至在手機上就已經有內建功能。

另外，近年來出現的自拍功能，使用者不必再請人幫忙拍照，更增加使用者上傳照片的意願。還有語音輸入功能的出現，也大幅降低網路文盲的門檻，加上原有的各種輸入法，使拙於打字的使用者，也可以藉由「聲控」，用講話的方式解決文字輸入的困擾。

各種科技技術的成熟，讓大眾更願意成為資訊散布者的角色，降低一般大眾跨入網紅的門檻。隨著媒體的多元化，經濟的欣欣向榮，帶來了資訊爆炸的年代。我認為現在可以說是自先秦諸子時代以來，人類思想再次大躍進的百家爭鳴年代。

改變世界的力量

在網路上，人人都能夠發言；不需實名的匿名性，使得每個人在網路上的言論，顯得無所顧慮。人與人當面交談，往往是辯才無礙的人占上風，而且自己的言論也不見得受到重視，時常還需要顧慮到周遭的感受，這是傳統的人際關係，是一種必須壓抑內心世界的模式。但是經由網路交談，可以有充裕的時間和空間去思考，個人的發揮空間愈來愈大；在網路社群上更容易獲得認同，也更能滿足個人的成就感。

每個人從小都有自己的喜好和思考方式，在傳統的人際關係裡認識的人有限，很難找到志同道合的伙伴。但是上了網路，可以發現很多人的想法和自己相同，漸漸為自己找到理所當然的理由，去進行很多傳統人際關係中所難以落實的想法。在網路上，每個人擁有更多自主發言權，加上網路社群的互動，其頻率跟熱絡度會遠超過傳統人際關係的互動。

就以同性戀議題為例，傳統的人際關係裡，受限於社會觀念，這是難以啟齒的話題，公開出櫃的跨性別者，往往在現實社會之中會遭遇許多困境，即使有很多跨性別社群的支持，也無力改變這個現象。但是隨著網路社群的發達，隱身於社會各角落的跨性別者找到歸宿，進而集結，產生改變社會的力量。而這些跨性別者被社會接受的程度也大幅提高，因為任何人可以很輕易地在網路上找到跨性別社群，進而勇敢地交流，漸漸理解、認知。若不是網路的力量，一般社會恐怕不了解周遭生活裡面，跨性別族群人數有這麼多；如果不是網路的力量，跨性別族群恐怕還只能躲在社會某個角落。

再談到，世界經濟的更迭有著地域性的發展，19 世紀的歐洲，轉到 20 世紀的美洲，接著跨過太平洋，傳遞到亞洲。東亞（日本和亞洲四小龍）率先繁榮；到了 21 世紀，經濟的動向轉到中國大陸和東南亞。經濟已經成熟趨向飽和的國家，社會結構也趨近穩定，未來十幾年會由現今二、三十歲的年輕族群為主體。首先，接受網路文化薰陶的年輕一輩，在這個年代，面對更多更廣的環境問題，年輕人選擇以非典型方式改變社會結構的思潮愈來愈強烈，以網路世代的新興模式引領社會的改變。

年輕、高知識、暗黑勢力，就是現在網友特性。而這些網路世代族群也在寫歷史，伴隨著手機通訊的力量，引起了一連串人們生活的重大變革。

中南美洲

首先是 2006 年，中南美洲全面向左轉。中南美洲是美國的後花園，美國長期以經濟侵略，使中南美洲各國積欠美國鉅額債務，也造成拉丁美洲人民的反感。

2000 年之後的選舉，紛紛將選票投給反美的政黨，表達對美勢力的不滿，連帶引發中南美洲全面向左轉，各國左派全面執政。

阿拉伯之春

2010 年，社會結構嚴謹的伊斯蘭國家，因為一個攤販的事件，引起的茉莉花革命（法語：Révolution de Jasmin）。本來為突尼西亞的街頭暴動，一個大學畢業的年輕攤販不堪取締而自焚，結果一連串的事件引發整個伊斯蘭世界的強烈震撼，利比亞、埃及、葉門的獨裁政權領袖相繼被推翻，更使伊斯蘭國家的嚴謹結構受到動搖，被稱為「阿拉伯之春」。

占領華爾街

與此同時，美國發生占領華爾街（Occupy Wall Street）的行動。受到阿拉伯之春的影響，年輕示威者持續多天占領紐約市金融中心華爾街，宣示對抗財團的不公和社會的不義。美國可說是民主政治相當成熟的國家，但是美國年輕人卻仍是面臨很大的困境，於是企圖藉由非典型的力量，翻轉社會結構。

這些思潮影響到美國各階層，尤其是美國社會大部分的人民收入可能還不如台灣的小康家庭，無力翻轉現實社會下的不平等，以至於 2016 年選出一位具有財團背景的候選人川普（Donald Trump）。類似的活動也出現在美國其他地方，到後來，該運動蔓延到世界各國，甚至占領政府機構。

台灣

台灣在 1996 年開始由人民直選總統，2000 年第一次政黨輪替時，網路選戰處於萌芽期，當時每個政權候選人的支持者，紛紛轉發電子郵件，進行網路文宣，這也代表台灣人民希望用個人的力量來翻轉政治結構。相較以往的選舉只是利用傳統媒體宣傳，無法創造全民參與的成效。

到了 2010 年後，經濟大轉變，M 型社會結構漸漸走向 L 型社會結構，民眾眼見政府被當權者和財團所把持，對現狀愈來愈不滿。2013 年 7 月發生的洪仲丘事件，正式引爆了網路社群對社會的影響。

如滄海一粟的軍中人權事件透過社群網路，短短的時間便聚集大量的群眾在約定的地點示威抗議。這個事件要從兩方面來看：一是所有服過義務兵役的人，對軍中的極度不滿，這可說是全國人民的共同回憶；另一是網路的力量，來自每位鄉民內心深處的怒吼，在網路上獲得了共鳴，進而在網路上找到了認同，兩者加乘的結果，產生出莫大的力量。

延續洪仲丘事件的思潮和占領華爾街的方式，2014年發生太陽花學運，這是繼1990年野百合學運後最重大的學運。學生和社會運動團體占領立法院大議事廳，利用直播的方式，把立法院裡面的現象，直接傳播到全世界各個媒體平台，讓全世界都能即時獲得現場消息，演變成國際關注的焦點。

在台北市市長選舉中，起步最晚的柯文哲，以一介政治素人的背景，當選台北市市長。隨著這股新趨勢，政黨也不得不開始調整經營選民的戰略。

由於網路社群已經強大到足以顛覆政權，造成網路社群的愈加自我膨脹。網路力量帶來的負面效應也屢見不鮮，從「公審」到「肉搜」（cyber manhunt），在在顯示網路力量黑暗的一面，我們在讚賞網路帶來的新視野之時，也不能遺漏了其可能引發的問題。

文化的變遷

網路世代青少年之間流傳的次文化，短時間內不斷大量地被創造出來，可是在還沒來得及理解這些內容之前，就已自動消失，接著又有新的內容被創造出來。網路社群的極度發展，造就閱聽傳播的速食文化，而漸漸影響人們的思考行為。

傳統的接收資訊方式是閱讀書籍，讀者買了一本書，藉由翻閱紙本，慢慢地看，靜靜地吸收養分、沉澱心靈。到後來，報章雜誌出現，資訊開始走向被篩選、精簡的方向，甚至隨著社會的步調愈來愈緊湊，讀者花在報紙雜誌上面的時間也愈來愈少，就需要用更快速的方法來閱讀。直到網路出現，資訊也隨之爆炸。

Email 是最早的網路傳遞方式。當人們從 Email 看到一篇好文章，覺得有分享的價值，就把它轉傳出去，這個動作只需幾秒鐘之內就結束。但是轉傳者真的有看過才轉傳嗎？或許一篇好的文章，真的有閱讀價值，但是資訊爆炸，太多文章反而讓人們不再靜下心認真閱讀，大部分人都是看過標題、快速瀏覽、轉傳之後，就把信件刪除了，尤有甚者，根本連看都不看。

資訊太多造成全面崩潰的現象，也出現在數位相機的影像。從前的人照相會很謹慎，調整好光圈快門，拍完一張照片，然後去沖洗底片，再小心翼翼地收藏底片。但是有了數位相機之後，大量的數位影像被生產出來。以一張人像而言，以前可能只拍個一兩張，可是數位相機的使用者有連拍模式，在各種角度拍攝各種照片，又改了光圈條件，接連又拍了一堆。他們覺得這些照片都很好看，但是又不會去認真挑選收藏，於是造成不知道該選哪一張，對每一張的印象也都不深刻。久而久之，就根本不去印照片，看一眼之後，直接存放在電腦硬碟裡面，可能一輩子都不再看這張照片。同理可證，現在家中還有光碟櫃的家庭已經少之又少，多元化影音資源的取得方式，讓影音作品失去了實體珍藏的價值。

另一項網路時代的文化現象，以「Yahoo 知識＋」為例，該服務在 2003 年推出，並曾風靡數年，網友只要有任何問題都可以在上面詢問，並能獲得網友的解答。但是很多所謂「大師級」的解答專家，其實只是搜尋、轉貼自別的網頁資料，利用複製大量文字與友善互動的方式獲得青睞；網友也不能分辨正確性，選擇華麗而錯誤的答案為最佳解答，在如此惡性循環之下，造成該社群網站的逐漸沒落。

事實上，這種情形最早出現在 BBS 上，各校 BBS 站連線，湧入了大量網友，而最大的交大資料站，上線人數經常維持幾十萬人，每人看法不同，垃圾文章太多，於是讓很多用戶離去，另尋清淨的空間；如今，只剩下沒連線的台大 PTT 一枝獨秀，成為現在 BBS 的代名詞。

再談現今許多媒體或個人在社群網站分享文章的現象。為了獲得迴響，衝高點閱率，因此出現所謂的「殺人標題法」。網友按讚只要「一下指」，但是按讚並不代表已閱讀。網路文章為了吸引按讚聚集人氣，騙取網路流量的標題愈來愈聳動，內容農場文大量充斥，而閱讀這些文章並不需要太多思考。大量轉貼複製或轉載他人的資訊，成為現今網路資訊的特性。

同理也印證在其他藝術行為，閱聽人的行為會反饋影響到傳播者的表達模式。一張深具細節、引人思考的照片，不如一張新奇有趣的照片，音樂與影片亦不外乎如此，以至於網路上充斥著一堆淺碟子思考的產物。

除了速食文化之外，由於個人意識抬頭，具有個人色彩的表現藝術，如雨後春筍般大量冒出。百家爭鳴，各種奇怪的表演方式紛紛出籠，每個人想法都不一樣，呈現出各種稀奇古怪的招式，激發更多的創意。自古以來，不斷有藝術家，從民間原始的素材尋求靈感，例如：古典音樂國民樂派大師德弗札克（Antonin Leopold Dvorak），便經常結合民歌，作為取材的來源。畢卡索（Pablo Ruiz Picasso）也說：「我曾經像拉斐爾那樣作畫，但是我卻窮此一生，去研究如何像小孩子那樣畫畫。」儘管網友的表演可能未經雕琢，但卻更能有突破性的創意，不可不被重視，因為創意絕對不是按照公式就可以求得的。

歸納網友的表演，不外乎以下幾種內容：生活、娛樂、時尚，這些領域的入門門檻都不高，但是如果網紅想要長久地吃這行飯，那可得多加一把勁了。曾經風靡一時的校園民歌時代，開發了不少不成熟的學生歌手，作詞作曲的技巧尚屬粗糙，演唱表演的功力更是未經訓練，如果這些民歌歌手要朝職業歌手的領域發展，就需要更進一步訓練、學習更多專業技能。

同樣的道理，在網紅時代，想要成為一名「活得夠久」的網紅，除了經營粉絲之外，實力的提升益發重要，而且醞釀的時間也會愈來愈長，冀能十年磨一劍，結果自然成。

而網紅成功的方式可以複製嗎？我認為說行也對，說不行也對。為什麼？

如果只是複製他人的表演形式，那可能就紅不起來，因為這些表演形式已經不再新奇。那麼要複製什麼呢？要複製他如何出人意表的竄紅。

至於要如何複製「如何出人意表」，那就要靠自己不斷的去發現與嘗試。很多網紅之所以意外爆紅，絕大部分是一個意外，而非精密設計而來。

其實我看到很多網紅，取材大多來自我們的生活周遭，必須透過你細細發現、觀察、品味，從中找到能引發他人興趣的哏，只要你能觸動人們內心深處的心弦，或是引發粉絲的笑點，那麼你就網住竄紅的答案了。就像在人口最多的中國大陸，成功的座右銘是：「成功不必做很多事，但是只要做對一件事，那就夠了。」

經濟型態的變遷

隨著網路的崛起，虛擬通路也跟著興起，到現在，愈來愈多實體通路被取代了。電子商務營業額已經連續十年正成長，無店面零售業的比例也是逐年增加。經濟部所統計的五大因素使得虛擬通路漸漸成為主流：網購品項種類多、實體虛擬通路整合、店面租金攀升、行動上網時代來臨、宅配通路廣。方便的購物型態，以及日漸改善的網路信用度，驅使消費者逐漸改變他的消費型態。而消費者除了改變消費型態之外，也漸漸自我改變賺錢生產模式，宅經濟（Stay at Home Economic）於是崛起。

宅經濟又稱閒人經濟，人們將假日閒暇時間分配在家庭生活、減少出門消費所帶來的商機與現象。「宅」

一詞源於「御宅族」，原指沉迷而專精於某樣事物的人，但台灣創造出「宅男」一詞，意指窩在家裡的人。

早在 1972 年，台灣省省主席謝東閔提出「家庭即工廠」的口號，創造出台灣大量的中小企業，造就出很多老闆。在個人電腦產業發達之後，社會再度產生一批 SOHO 族。所謂的 SOHO 指的是小型辦公室（Small Office Home Office），他們延續職場的技能，把電腦搬回家在家工作，透過遠端資訊技術的溝通模式（網路、電話）跟客戶聯繫，做的事情跟公司職場是一樣的，然而多了自己支配的時間和空間。

台灣經濟模式進入家庭的幾個類型

經濟型態	產生時期	工作形式	就職門檻	創業門檻
家庭即工廠	工業起步	生產實體產品	不一定	資金門檻高
SOHO 族	工商業成熟	智慧型勞力	高學歷、高工作能力	資金門檻低
宅經濟	資訊業成熟	智慧型勞力和服務貿易	學歷能力門檻低	資金門檻低

宅經濟興起，與當時的社會氛圍也有密切的關係。除了社會的財富被少數財團壟斷外，2008 年金融海嘯，2010 年美國次貸風暴，景氣百般蕭條等環境因素，再

加上社會概念的推波助瀾下，於是宅經濟的概念開始風行。

宅經濟跟 SOHO 族有什麼不一樣？其實是一樣的，而工作門檻又降低了，不再需要所謂的一技之長。不同的是，宅經濟從業者，在家中上班或兼職從事商務工作，同時也在家中消費，既是工作者，也是消費者。宅經濟模糊了消費者和工作者之間的概念，而且這種經濟型態又來自 SOHO 族跟直銷，可算是創新的經濟型態。

像宅經濟這樣的虛擬通路結構，也直接衝擊到社會上的人際關係，這些人際關係將要被重新定義。信用機制和道德標準勢必被視為重要的要素。

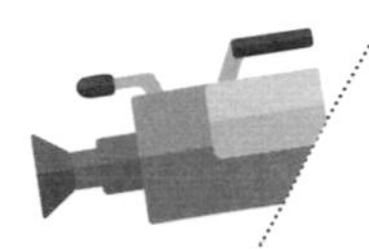

3 回首網紅來時路

網紅發展模式

好奇心和探索欲，是全世界人們的共同特質，並且在網友身上找到最佳印證，只要掌握這兩點，就等於買了網紅的門票；然而要如何掌握網紅的票房？我前面有提到，那就是「觸發網友內心深處的心弦」！

凡是一個新軟體的推廣，首要的就是提高市占率，反映在網路上，需要付費下載的影音，往往須先提供免費觀賞，不需要註冊成會員就可以免費欣賞，最能夠流傳。尤其網路上的文字和圖片常會被大量複製，讓消費者處處可見，這就是網紅成功的重要因素。

有益有弊

隨著網紅現象的萌芽，原本的傳統媒體如廣播、電視、報紙，也大量從網路上來獲取材料。這就是我之前提到的：「自古以來，不斷有藝術家，從民間原始的素材尋求靈感。」原本只是媒體從業人員偷懶，想利用最

簡便的方式獲取資訊，久而久之，傳統媒體產生了質變。

傳統媒體一方面受到景氣的影響，大量裁員、大量委外製作，省去內部員工的開銷；另一方面成立機制，把網路上的材料大量搬上檯面。「網路上直接複製影片」是最快最省錢的方式，也是最能引起觀眾討論的方式，更容易激起觀眾的共鳴。雖然新聞品質大大降低了，但是也大大增加新聞廣度，比如南亞大海嘯、颱風風災、台灣風災等災難影片，都是網友在現場直接用手機或其他攝影器材拍下的畫面，而這些災難現場的即時影片，甚至成為即時救難的依據。

就因強勢媒體大量引用網路上的材料，也助長網紅竄升的速度加倍。電視新聞的「讀報時間」對傳統報紙來講是個傷害，影響紙本報紙的銷售量，但是電視引用網路上的資訊，變相來說卻也成為網紅的宣傳機會。

網紅經濟在 2016 年大爆發之前，曾經經歷過三大階段：文字、圖片、影音。在文字交流的時代，網紅需要優秀的文才，通常沒有商業模式，頂多是藉由文字來表達自己的觀點，用文字與粉絲交流。到了圖片階段，有圖有真相，網紅開始用大量的圖片取代純文字。到了影音時代，媒體很輕易地攻占網友的焦點，此階段加入新興商業行為，取代了傳統的商業模式。2014 年開始，網紅經濟開始成長，到了 2016 年，逐漸形成的商業規模，之後幾年將急速發展。

要支援網紅經濟的發展，好的媒體平台是很重要的，要評估一個好的媒體平台，有三個指數：產品、流量、金錢。好的媒體平台必須掌握大眾屬性，控制網紅的入口和出口。從入口來看，平台必須要夠大，而且大者恆大，要真實的接觸到用戶，而且創造出網紅。從出口來看，平台應該與其他公共領域緊密結合，把網紅產業連結娛樂、文化、資本、商業等產業，向垂直領域延伸。

根據「網紅白皮書」的分析，好的媒體平台必須有幾個特質：⑴支援多元化的內容發布，尤其是多媒體的形態愈來愈廣泛。⑵擁有大量而且活躍的用戶，並能使內容能傳達到可能感興趣用戶。⑶擁有良好的開放性，能快速傳播內容。⑷擁有豐富的變現性（Liquidity）。變現性或稱流動性，是指某項資產轉換為現金或負債償還所需的時間。

前面三項是平台的手段；而第四項是平台的目的，大多的變現手段是廣告、電子商務和粉絲付費。

產業化程度提高之後，網紅行業內部的分工更加精細，組織化、專業化和商業化的團隊到目前已經儼然成形了。例如網路上布局，再連結到電視強勢媒體，以後可能不再是「意外」，而是種「謀劃」；而這種「謀劃」的背後，有一個龐大的製作團隊在策劃。未來這些螢幕前面的網紅們，會連結一批專職網紅產業的人口。

網紅要形成產業，所有的行動都會變成商業化，從「預謀」到「推廣」，都有一連串的企劃步驟。網紅產業的結構會歸類為：吸睛力、內容、團隊、整合力。

首先找出各種吸睛的方式，吸引網友點閱，在資訊爆炸時代，追求的目標是網友點閱之後，裡面的內容是否能驅使網友繼續看下去。要由主角呈現出這些內容，會走向愈來愈專業，如果個人專業不足，這時候需要好的團隊來一起打造。團隊的功能廣而多元，不局限於舞台魅力，畢竟舞台後的燈光與聯繫都很重要，透過團隊合作，才能把這個「不經意」的表演，變成「有預謀」的推廣。最後就是要把所有跟網紅商品有關的團隊，緊密的整合在一起，掌握這個稍縱即逝的「十五分鐘」契機。

網紅的演化

早期的電視報紙時代，想要上個電視或是上報紙都是非常困難的一件事。隨著電子媒體的多元化，「每個人將會成名十五分鐘」，人人都能輕易躍上新興媒體的舞台。

2004 年，社會曾經流行一陣子的「許純美現象」，原本許純美只是一個社會新聞裡，被口誅筆伐的主角。但是因為她特殊形象，一口鄉土腔、藍色眼影，把台灣鄉土味展現無遺。口頭禪就是「上流社會」，趣味感十足，快速成為民眾關注的話題。

對觀眾來說，許純美代表一個社會族群，像是中國土豪的概念，社會評價正反兩極。而當時的台灣社會沒有什麼新的題材，民眾生活煩悶，於是「許純美現象」開始風靡社會。民眾已經厭倦電視的傳統表演，然而電視又推不出新的節目型態吸引人，於是綜藝節目找來許純美，試圖提升節目收視率。甚至有電視台為了創造話題請她擔任新聞主播，遭受多家媒體監督團體的批判，他們認為此舉與歐美創造內衣主播沒有兩樣，讓新聞從業的價值觀被商業徹底顛覆。

過去上電視都是必須經過審核，不管是演員還是主

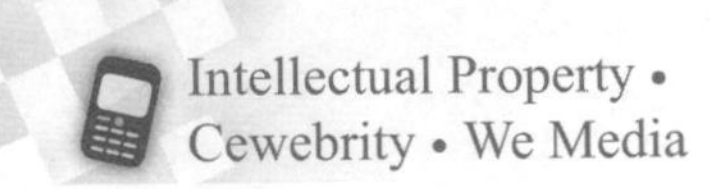

播，都有一定的審查標準，但相對呈現的內容也受到局限。

在許純美現象之後，陸續有許多素人搞笑演員出現，可謂是「高手藏在民間」的概念。1980 年代，有位「兩百塊」演員，他就是來自於一次兩百塊薪資的臨時演員，被捧成主角，節省了很多製作卡司費用，而且吸引了不少觀眾。

兩百塊的爆紅，觸發到民眾內心深處的何種心弦呢？他是典型的小人物，憨厚瘦弱邋遢的形象存在社會每個角落，不是一般演員所演得來的，因而創造出他的市場價值。

許純美和兩百塊都是沒有演技的素人，可是卻受到大眾的歡迎；但由於兩百塊和許純美不具有從業的實力，所以新鮮感退燒了，很容易就消失在螢光幕前。從這兩個例子身上，或許不難勾勒出網紅的發展趨勢。

網路紅人可包含廣泛的人事物，在探討狹義的網紅的例子之前，我們先來看看幾個不同領域中，非典型網紅的例子。

政治界

2016 年網際網路中，被視為全世界最具有影響力的人，莫過於新當選的美國總統川普。川普是網紅非常重要的指標案例。川普是個政治素人，也是一位富豪，身價計算以億美元為單位。照理說，政治只要扯上金錢就會讓網友產生反感，而川普長久以來，一直以煽動民意挑撥族群引起別人注意，且川普更代表的是一種WASP族群（白人盎格魯撒克遜新教徒，White Anglo-Saxon Protestant），也就是美國開國以來優越白種人的基本教義派。

在美國，這些有關種族、宗教的發言都是不可說的禁忌。每當川普發言，瞧不起他的媒體便把他當作笑話在報導，當他是個小丑，這現象在發現報導川普可提高收視率之後，更是變本加厲。川普在選舉的路上一直受到媒體的圍剿，尤其是紐約兩大主流報紙的攻勢最為劇烈。《華盛頓郵報》（*The Washington Post*）和《紐約時報》（*The New York Times*）這兩大報的立場，一個是共和黨，一個是民主黨，照理說，應該至少有一方不會反川普，但是兩份報紙背後的大老闆都是猶太人，猶太社群為了不讓川普當選，運用各種主流媒體來詆毀、揶揄他。

然而，川普的民調居然從一開始的落後，一路攀升，從當初十多位角逐者中脫穎而出，再到遙遙領先，跌破眾人眼鏡，成為共和黨總統候選人。此時，《紐約時報》名評論家紀思道（N. Kristof）驚覺地說：「我們中計了！」此時川普躲在指揮總部竊笑，他只用一個推特來發聲，媒體嘲弄他之後，也把選民帶去點閱他的推特。川普說：「我砸錢登廣告，還沒人看；但是那麼多負面報導，免費送給我超過數萬美元的宣傳效果。」所謂「好事不出門，惡事傳千里」，媒體不但幫川普宣傳，而且還大大壓縮了其他競選人的版面，消長之間，勝負由此可見。

而對手陣營希拉蕊（Hillary Rodham Clinton）利用執政的優勢，找到很多名人來站台，打的是傳統選戰模式，看她的宣傳，就是無聊的施政報告。當希拉蕊在強調女權的時候，浮出檯面的社會議題是女權出頭；但事實上真正的女性選票卻不見得投給希拉蕊，因為當年希拉蕊在她的丈夫總統柯林頓（Bill Clinton）發生性醜聞時，對付白宮實習生柳恩斯基（Monica Lewinsky）的態度是「往死裡打」，讓柳恩斯基無法到任何地方工作，幾乎面臨崩潰。正所謂「女人何苦為難女人」，這個印象深植於美國基層民眾心中。接下來希拉蕊的「電郵門」事件，更是踩到了美國民眾的紅線，因為電郵的隱私是至高不可侵犯的權利，無論位居廟堂之上的政府機構如何證明希拉蕊清白，但是希拉蕊已經被美國民眾判了死刑。

美國的民眾早已厭倦了美國政治的裙帶關係，早先有「占領華爾街」的吶喊；美國也像全世界各國一樣，有一股力量想翻轉這個社會結構，而美國選民給了黑人總統歐巴馬（Barack Obama）八年，卻無力翻轉社會結構，於是紛紛把票投給了川普。結果可以發現，選舉前的民調全部都不準，因為民調機構所調查的對象，可能都是各行各業的主流角色，但是卻完全忽視了美國基層民眾這股隱藏力量。

全世界看美國的選舉，加上各國媒體都引用這些主流媒體，受到這些主流媒體的影響，看川普也當作是在看笑話。但是如果親自去點閱川普的推特，可以發現他的詞彙都非常簡單，文法不超過國中程度，用詞也不到高中程度，只要是受過國民教育的台灣人，大多能看得懂川普的文字，而他的粉絲在推特的留言，也大部分都很淺白，不會有艱深的詞句。點進川普的推特影片，他以一貫的霸氣吸引眾人目光；甚至聽川普講話，居然也不是那麼難懂（對我們台灣人來說）。他的特殊手勢和高傲語氣，成功吸睛，讓大家競相模仿，也難怪美國主流媒體圍剿川普，也只是助長他的聲勢而已。

川普是精於算計的商人，從他的大戰略來看，發現他精準利用網路的力量來推高他的聲望，也跟全世界各國選舉一樣，把「網軍」帶入了選戰。

教育界

2015 年，台灣大學有一位法律系教授，他開的課「民商法專題」乏人問津，在第一堂課，只有一個女生來上課，而這個課程一共只有八個人選課，當天另外七位學生則翹課沒來。那位教授等了快半個小時，保持良好的脾氣和風度，不但不指責其他學生，反而一對一為這位女學生上課上滿了三個小時，讓這位女學生倍受尊重。

這位女學生上課到後來，不禁淚流滿面，覺得很對不起這位教授，於是在社群網站寫下這段上課的故事。結果造成什麼現象呢？這位教授被大家嘲笑嗎？錯！一個禮拜之後，教授來上課時，竟然發現課堂大爆滿，所有學生不分科系都慕名而來，導致教授只好把一些不是法律系的同學「請」了出去，原本是沒有人要選修的課程，馬上變成炙手可熱的大熱門。

這些爆滿的學生是對這門課有興趣嗎？是崇拜這位教授嗎？都不是，其實只是藉由網路傳播，讓這門課曾經有這麼一個具有話題的「品牌故事」罷了。

誰說只有教授、名師能走紅？只要有哏，任何事物都能成為網紅。東吳大學法律系的跑馬燈，這個由不知名小編設立的臉書粉絲專頁，主角就很另類。跑馬燈擺脫制式的公告，而是將校內生活大小事與時下流行話語結合，來與學生們對話，讓學生們總是會心一笑。像是之前日劇《月薪嬌妻》正夯，又適逢大學期末考試週，東吳跑馬燈改編劇中台詞：「逃避雖可恥但有用」，PO 出「面對期末，逃避不但可恥，而且沒用！」貼文一發出，立即引起全台大學生共鳴，成為另類網紅。

宗教界

2016 年宗教界最爆紅的例子，莫過於海濤法師。海濤法師是非常具有話題性的宗教人物，他在 2016 年的開示，講出不少令人莞爾的哲理。這些影片被網友上傳到社群網站，又經過媒體的宣傳，許多詞彙居然變成大眾的流行語，而且不少影片也競相模仿。

從海濤法師這個例子來看，試想，有線電視台裡面，有無數個宗教台頻道，但一般的網友會去看宗教節目嗎？網友上傳這個影片所針對的對象其實只有海濤法師個人，上傳的用意只是娛樂，也不是海濤法師的意願，但是實質的受益者就是海濤法師，因為他得到了更多人的關注，無論評價正面與否。透過網路的傳播與分享，這種宣傳效益遠比「心海羅盤葉教授」辛苦到處演講所獲得的成效還來得大。

另外一個宗教界的例子，就是釋昭慧法師。2015 年釋昭慧法師為了「台北內湖慈濟開發案」作辯護，不顧一切的義氣相挺，引來了一身罵名。但是在 2016 年底的同志公聽會中，在立法院慷慨激昂、條理分明的霸氣論述，卻贏得了一片掌聲，不管是贊成者或是反對者，對他的風範感到敬佩。這兩個釋昭慧法師的新聞事件，網友所針對的對象，其實並不是釋昭慧法師，而是討論的議題。兩者也因為釋昭慧法師的論述，而獲得更廣大的迴響。

正如前述，網路力量的特色，就是能夠讓當事人的名聲起到加乘作用，但也可能完全摧毀。

網紅地標

Instagram 作為網紅必備利器，漸漸為餐飲帶來龐大的商機。隨著一波波打卡風潮，各式各樣的新地標，如雨後春筍般不斷湧現，其中最能展現商業利益的就是餐廳和手搖飲料店。餐廳搭配特色美食和風格多變的裝潢、裝置，手搖飲料店推出創意美拍元素的產品，吸引網紅們爭先恐後的前去取景，拍出美照上傳，進而帶動店家成為爆紅熱點。

比如台中草悟道的「I'm Talato 我是塔拉朵」，店門口有冰淇淋蹺蹺板、店內有粉紅巨大冰淇淋泳池，可說整間店都被冰淇淋模型給包圍了；板橋松江街的 RainbowHoliday Caffè&Bar，用超大型獨角獸、粉紅鶴泳圈、可愛粉紅鶴杯架和許多拍照小物（花環、彩虹小馬等），完全圈住粉絲噴發的少女心，紛紛前往打卡拍照塑造高人氣。

手搖飲料一直是競爭激烈的戰場，為了能占有一席之地，業者無不絞盡腦汁，從店面裝潢到杯子設計，各出奇招來吸引消費者。例如：兔子兔子茶飲專賣店以雲朵冰沙吸引目光，其中除了馬卡龍配色雲朵造型，還以各種配色為視覺設計，搶走網紅的 Instagram 版面。漸層飲料的旋風襲捲網紅界，不只喝的美味還能有視覺上的美麗享受，Guava juice 芭樂芭用不同比重的兩種新鮮果汁裝在透明瓶子裡，做出雙色漸層，每次推出新品馬上造成轟動，大家都爭先恐後來嘗鮮，因為爆紅而在社群平台上強力洗版。

動植物

很多寵物玩家很喜歡把家中毛小孩影片上傳賣萌，引起同好的關注。但是 2016 年台灣最萌的動物非家中所飼養的寵物們，而是「金山小白鶴」。

金山小白鶴從 2014 年底從西伯利亞飛來台灣，疑似是迷路，2015 年一整年都住在台灣，最後一次看到牠是 2016 年 5 月。當 2015 年夏天，小白鶴突然出現在台北基隆河畔，被眼尖的網友發現，把照片上傳到社群網站，馬上帶來一番騷動，也引起新聞報導。原來這隻鶴從西伯利亞飛來過冬，落在金山棲息，而台灣原本就不是這隻小白鶴的棲息地。後來發現小白鶴這一年總是跟著一位老農夫下田，陪伴著老農夫，如此溫馨的小故事打動眾人的心。到了假日，便有許多人前去拍攝。

這個新聞事件中，白鶴所影響的是農夫和金山地區。白鶴為金山地區帶來人潮和商機，但是也對這位農夫帶來困擾。這隻白鶴為什麼會爆紅？牠觸發了人們心裡深處哪個環節呢？一方面這是國際保育類動物，台灣人對於候鳥經常是在望遠鏡的另外一頭才看得到；另外則是為國民休閒旅遊找到新的宣傳點。

再說到植物，台灣最紅的一棵樹，莫過於台東池上鄉伯朗大道的「金城武樹」。金城武樹原本只是長榮航空行銷廣告的背景，影片被網友上傳、分享，引發了熱潮。廣告中的稻田美景，台灣處處可見，但是因為金城武的廣告效應，所以帶動討論熱潮。而網友紛紛猜測拍攝地點的過程，更是引來更多網友的關注，最後這個「網紅」，為池上鄉帶來了數億元的商機。

景點

景點是很常見的網紅例子，一個新開發的景點，可能帶來很龐大的商業利益，但是大部分網紅景點，卻不見得適合進行商業利益，反而會帶來問題，例如：九二一大地震後的堰塞湖。

其實如果能夠妥善加以利用，是可以開啟新的商機。我看到很多網紅式景點，絕大多數不是旅行業者所開發出來，還有更多的是各種族群在社群網站上相傳而爆紅的。尤其是攝影族群，他們藉由高超的拍攝技巧，把很多遊客「拐」了過去。

這個表格的例子是 2016 年底東森新聞雲所選出的十大祕境。

2016 年底東森新聞雲所選出的十大祕境

縣市	景點	發掘者	原商業利益	新商業利益
宜蘭	鷹石尖	攝影族	無	無
苗栗	好望角	單車族	無	無
新北	汐止新山夢湖	登山友	無	無
宜蘭	粉鳥林漁港	攝影族	無	無
花蓮	鈺展苗圃	攝影族	無	鈺展苗圃

南投	水漾森林	登山友	杉林溪、茶園、民宿	無
屏東	小峇里島	當地人	墾丁商圈	無
台中	大安溪鐵橋	單車族	自行車租車	無
新竹	海之聲	攝影族	無	無
新北	金山神祕海岸	當地人	無	無

專業級網紅

上述例子都是非典型網紅，著眼點並非是商業，但是有些也確實獲得了龐大的收益。他們大多是被「不經意」上傳到網路上，只有少數是精心策劃的布局。這種「意外」，與網友內心深處的悸動共振，因而一夕爆紅。

接著我們來看看娛樂文化界的網紅，他們一開始所設定的工作「職場」，就是網路，藉由網路自媒體來獲得回饋。

蔡阿嘎

代表的是目前台灣網紅的影音領域，他在 2008 年拍攝的第一支影片，緣起於中華棒球隊在台灣主辦的八搶三奧運資格賽輸給加拿大，由於加拿大的惡意碰撞引起全場激憤，他在影片上，燒毀寫上 Roots 的衣服，因為 Roots 是加拿大品牌。後來因為楊淑君在 2010 年廣州亞運電子襪事件，又引起全國公憤，他又上傳影片來抵制韓國貨。

這兩個洩憤影片在網路間流傳開來，讓蔡阿嘎瞬間爆紅，體育電視台因此而採訪蔡阿嘎，讓他名氣更加水漲船高。蔡阿嘎本身是學社會科學的，後來他陸續拍攝的影片，以「秀台灣」為主，從社會時事、遊記、台語教學等幾個面向來呈現「愛台灣」，他走遍台灣各縣市，拍攝景點、小吃等旅遊類型的短片，他的主要作品有「食尚玩嘎」、「整個城市。都是蔡阿嘎的靠杯館」、「每日一台詞——台語教學」系列，到了 2014 年，他在臉書上，已經擁有百萬粉絲。隨著蔡阿嘎的爆紅，讓他成為媒體寵兒，各公司和政府單位紛紛邀請他拍廣告和代言。

分析他成為網紅的原因，會發現他的影片除了搞笑，還多了一份人文關懷，不管是在時事議題影片，還是台灣旅遊的影片，或是傳達台灣文化的台語教學影片，都能讓網友從影片中感受到他「愛台灣」的正面能量。雖然蔡阿嘎一開始是用嘩眾取寵的方式來吸引網友的目光，可是後來他轉為對社會人文的關懷，才是延續網紅生命的正途，加上他在成為炙手可熱的網紅之前，也耕耘了好幾年。就是因為他持續做出有深度的內容，讓他得以長期成為網紅界的翹楚。

宅女小紅

又名羞昂（「小紅」的台語發音），代表的是目前台灣網紅的文字領域。她剛開始寫部落格是為了失戀療傷，但是她化悲憤為搞笑，在部落格痛罵前男友，不只抒發心情也娛樂網友，她罵得愈兇網友愈愛看，一下子就爆紅起來，每天最多可以吸引近八萬人次瀏覽她的部落格，累計總瀏覽人次超過6千萬人次；甚至在2009年，她開始出版書籍，目前已經出了五本書。

她自稱為「一天不講垃圾話會暴斃」的麻辣部落客，垃圾話講得愈多，吸引愈多的讀者。我認為她的部落格有以下幾個特色：⑴愛講垃圾話的個人風格，以自嘲、詼諧的方式訴說著生活中所遭遇的困境，被網友戲稱「療癒系全民導師」。⑵無厘頭式寫作風格，她自創了「羞昂辭彙」，在文中穿插使用其「羞昂辭彙」：台語、英語等諧音或變音，例如「休誇」（台語發音，有一點）、「促咪」（台語發音，有趣），以及在句末括號加註情境狀態，例如：「煙～」、「撥瀏海～」等，開創了一股網路流行的熱潮。

我們看她的這些用語雖有些無厘頭、難登大雅之堂，將來也可能消失，但只要能準確抓住網友目光，引起共鳴，便能從中得到商業利益。

要成為網紅，一定會有原因，小紅觸發人們內心深處的何種心弦呢？她以特殊的寫作方式，不講究文學創作的格式，不以嚴謹的態度去看待，不需被沉重的觀念與制度壓得喘不過氣於是在這種無厘頭的模式中，找到心靈的出口，看得毫無壓力，看得快、忘得快、也不必去記，是標準的速食文化。

彎彎

她是當今台灣網紅圖文領域的代表，2004 年 10 月，開始在無名小站設立個人網誌，透過網路分享漫畫創作，針對年輕族群，以生活經驗和職場生活為漫畫主題，因此得到年輕人的喜愛，瞬間走紅。2005 年，獲選第一屆華文生活類部落格大獎與金石堂書店年度風雲人物，並出版多部針對年輕人或者上班族的個人漫畫專著，成為部分商品代言標誌；更與全家便利商店合作推出彎彎磁鐵。2006 年，獲選第二屆華文幽默趣味類部落格大獎，2007 年，她的部落格瀏覽人次破億，成為台灣第一人。

她也是台灣第一個 LINE 貼圖及 LINE camera 貼圖的創作者。她與客戶合作的奇異果 LINE 貼圖，累積下載量突破 600 萬人次。雖然已經過了 10 年，彎彎的部落格依然是台灣瀏覽人次最高的部落格之一，被譽為「部落格天后」、「彎神」。

彎彎的成功不是偶然，而是經過長時間的耕耘，雖然她從開始經營部落格，成名得很快，但是創作初期純粹是誠懇分享，而不帶有商業企圖。就是因為這種誠懇分享上班族職場心情的形式，因而獲得年輕人心中深處的共鳴，加上後續的創作也持續努力，獲獎無數，是她成功的最大原因。

在網路社群上經營成功的範例

名稱	領域	特色	成為網紅年齡
蔡阿嘎	影音領域	社會人文的關懷	24 歲
谷阿莫	影音領域	幽默式講評影視內容	28 歲左右
宅女小紅	文字領域	生活周遭的抱怨抒發	24 ～ 28 歲
彎彎	圖文領域	生活及職場心情	23 歲
酪梨壽司	文字領域	生活周遭的心情抒發	20 歲左右

其他特殊類型的網紅

前面的三位網紅代表人物，他們從網路出發，靠著自己的努力，在天時、地利、人和的條件下，變成網路紅人，然後在爆紅後持續經營，除了在網路上發光發熱，更利用名氣踏入演藝圈，名利雙收。

不過還有一種網紅現象，他們不是靠著自己的努力或才華爆紅，而是藉由網友或媒體而瞬間爆紅，他們懂得利用機會，為自己的事業開創一片天，以下就是一些例子：

在網路社群上無心插柳柳成蔭的範例

名稱	爆紅途徑	收穫
水果妹	因家中賣水果而有「水果妹」封號，與當紅偶像徐懷鈺撞臉，在高中時參加華視綜藝節目「超級星期天」的單元「超級明星臉」，藉由媒體宣傳而打開知名度	掌握住機會，順勢出道，拍偶像劇，利用名氣出書，婚後轉往主持界發展
豆花妹	2008 年，在台灣故事館打工賣豆花，被 PTT 網友發掘，瞬間爆紅	抓住網紅的瞬間，利用知名度往演藝界發展：拍偶像劇、拍電影、出音樂專輯、主持節目，名利雙收
台大五姬	2011 年，PTT 鄉民為了打破「台大無美女」的刻板印象，分別肉搜出台大最漂亮五位女生，結合系所名稱，給予封號，在網路上被封為「台	命運各不相同，其中四位利用這個機會分別進入演藝圈和新聞圈，唯一沒有踏入娛樂文化界的是五姬之首「獸醫乃」，出國留學深造大五

台大 五姬	姬」，甚至透過網路的傳播，紅到海外，日本、大陸、香港都有他們的新聞	

還有另一種截然不同的發展走向，他們的出現就像曇花一現，短暫地閃亮一下，然後消失，或是暴起暴落，無法以網紅所帶來的名聲為本業。譬如泛舟哥張吉吟，他本是保險業務員，在 2015 年 7 月，颱風蓮花襲台期間，電視報導颱風新聞剛好採訪到張吉吟，他在鏡頭前用玩世不恭的說了一句：「颱風天就是要泛舟啊，不然要幹嘛？」引來批評的聲浪，因而在社群網路引發熱烈討論，一夕爆紅。即便名氣大漲讓他獲得上節目通告的機會，還因此出版了一本書，但是沒有持續經營，名氣就慢慢地淡下來，終至被人遺忘。

以上的台灣網紅代表，都是台灣人，接下來這位台灣網紅人物，不是台灣人，而是日本人。這位年輕的日本人叫三原慧悟，他很喜歡台灣的文化與美食，立志要成為台灣偶像，他為了要成名，跑遍台灣大街小巷來宣傳自己，在台灣一些街頭表演，推出了 Line 貼圖，還拍攝影片上傳到網路上。影片的題材以日語教學和講解文化為主，看似嚴肅的教育題材，卻以輕鬆的角度切入，寓教於樂。除了語言和文化的影片之外，三原還出了一個「自作主張台灣觀光 CM」系列，從日本人的觀點看台灣，趣味性十足。這種異國文化類型的網紅，也很容易吸引到觀眾的目光。

總歸來說，娛樂文化界的網紅發展，就是我在本書所要討論的典型網紅。在這新時代最火熱的趨勢開展之時，希望大家都能把握時機，及時抓住網紅時代的浪潮。

❶ 未來網路資訊，將邁入高畫質的階段，要如何在無所遁形的畫面中呈現吸引目光的內容，是網紅們要認真思索的功課！
❷ 網路力量大到令人難以想像，網紅們不可不慎！新聞報導常看到名人在不恰當的時間 Po 文，引發網友的負面反應。謹記不只要當資訊傳播者，更要多看、多聽、多觀察，選擇適當的時間點表現。
❸ 網路社群的項目是吸引人氣的主要因素。所謂「男人談車、女人談衣服」，就以台灣的 BBS 站來看，人氣最旺、最能夠引起討論的地方，為政治、棒球、汽車、時尚、美食等領域。

全民Show Time——自媒體時代

- 從飛鴿傳書到全民LIVE
- 百家爭鳴——大話時代
- 自媒體時代下的變革與隱憂

從飛鴿傳書到全民 LIVE

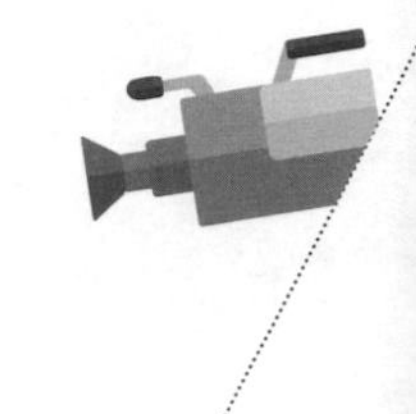

解讀自媒體

全民啟動

自媒體，英文是 We Media，也直譯為 Self-Media，另外也稱為草根媒體、公民媒體或個人媒體。這個名詞來自於 2003 年 7 月，夏恩．波曼（Shayne Bowman）與克里斯．威利斯（Chris Willis）在美國新聞學會聯合提出的研究報告「自媒體——閱聽人如何勾勒新聞和資訊的未來（We Meida - How audiences are shaping the future of news and information）」中，對自媒體進行了定義：自媒體是一般大眾，經由精進的數位科技與全球知識體系相連之後，發展出一種新的途徑，使大眾發布或分享來自他們本身的新聞或事件。

一般大眾包含私人化、平民化、普泛化、自主化的傳播者。所謂精進的數位科技，指的是隨著科技進步，以現代、電子、網路的方式，其中最主要的關鍵在於網路技術發展，特別指的是Web2.0的環境，包括電子布告欄（BBS）、部落格（Blog）、社群網路（Social Network）等途徑，使每個人都具有媒體、傳媒的功能。

▶丹・吉爾摩的著作（*We the Media*）

2004年，美國矽谷IT專欄作家丹・吉爾摩（Dan Gillmor）寫了一本書（*We the Media*），探討自媒體的力量，讓主流媒體包括政客、企業老闆、名人、行銷與公關人士等，無法再操縱新聞資訊，因為自媒體的新聞資訊在網路上即時發布後，任何人均可取用、接收，自媒體也儼然成為一股新興媒體勢力。

自媒體之所以會凝聚成一強大力量，主要是它具有獨立媒體的概念，以及高手深藏於民間各處。什麼是獨立媒體？獨立媒體（Independent media）指的是不受政府或企業利益影響的媒體，可以存在於任何形式，如廣播、電視、報紙或網路。因為傳統主流媒體一再受到政府或企業利益的影響，所以獨立媒體經常被用來作為跟主流媒體對抗的工具。關於新媒體的發展，也可以建立在獨立媒體的概念下。由於獨立媒體不受政府或企業利益影響，也展現出無欲則剛的實力，愈是忠實誠懇的表述，愈能夠贏得閱聽人的信任，不論是新聞或是表演都是一樣。

在現代的戰爭中，美軍所向無敵，但是當碰到民兵，就馬上吃癟。因為發生城市巷戰時，民兵藏處不明，何時出拳，或是飛出一顆子彈，都無法預測，更查不到。自媒體就是這個概念，打破了時空的界限，什麼時候會突然出現驚喜，根本沒有人可以預測，但是也令人充滿了期待。科技進步得愈來愈快，自媒體的種類也愈發多元。早期電腦就「隱居於民居之中，暗藏殺機」。後來的筆記型電腦，帶著就走，四處皆能上網，像是個「自走砲」。現在更方便了，經過短暫的 iPad 時期，手機很快就進入了移動通訊的世界。

網路媒體

自媒體的出現，完全顛覆了傳統媒體。媒體分成幾個世代：第一媒體是報紙刊物，第二媒體是廣播，第三媒體是電視，第四媒體是網路，第五媒體起就是行動網路。第一媒體屬於平面媒體（Print Media），早期以紙張類為主，後來有各種表現形式，主要是透過眼睛的視覺，屬於靜態式。第二、三媒體屬於電波媒體（Broadcast

Media），主攻動態式的聽覺和視覺。從第四、五媒體時代開始，結合了上述條件，作全方位的整合。

媒體演進表

媒體演進	類別	屬性	傳播方式	備註
第一媒體	報紙刊物	傳統媒體	平面媒體	報刊、雜誌、海報、立體看板、傳單、燈箱
第二媒體	電台廣播	傳統媒體	電波媒體	調幅廣播（AM 廣播）、調頻廣播（FM 廣播）
第三媒體	電視	傳統媒體	電波媒體	無線電視、有線電視
第四媒體	網路	自媒體	網路媒體	
第五媒體	行動網路	自媒體	網路、電波	

每當世代輪替時，對原本的媒體都產生相當程度的衝擊，原本的媒體不見得會被摧毀，但是會尋求另外一個形式來獲取生存空間，畢竟這些媒體的本質也不太一樣。

傳播可分為幾種層次：個人內向傳播（Intra-Individual Communication）、人際傳播（Interpersonal

Communication）、群體傳播（Group Communication）、組織傳播（organizational Communication）、大眾傳播（Mass Communication）。

個人內向傳播：一般人寫文章，從外界觀看、收聽，或是自身的思考、感覺，將所得到的領悟，加以解釋，用自己的語言表達出來，自己就形成一個傳播系統。表達的方式不限於文字、圖畫、音樂、肢體動作。

人際傳播：只要超出個人之外，在人與人之間傳遞、交換、接收各種訊息，從而產生了人與人之間的認知，便是人際傳播。通常是直接而親近的互動，例如兩人對話。

群體傳播：又可以區分成小群體傳播（small-group communication）以及大群體傳播（large-group communication）。小至家庭，大至社團，訊息在群體成員之間傳播，是一種雙向性的直接傳播。然後群體中的大部分人會形成共識，因此共識會壓迫、改變其他不同意見，從而使其服從；通常群體中的主導者會引導群體認知及行為，往往是群體的指標。

組織傳播：再從群體傳播進一步擴張，例如公司、企業、政府機構等正式化組織，具明確目標。此時，已經有明顯的傳播層級。

各種媒體在傳播層次與內容的作用

	個人內向	人際	群體	組織	大眾
誰來傳播	個人	個人	個人、管理者	個人、管理者	個人、傳統媒體
向誰傳播	個人	互動對象	小眾	企業	公眾
什麼內容	感受	溝通、宣導	溝通、宣導	宣導	宣導
用何管道	自媒體	自媒體	自媒體	自媒體、傳統媒體	自媒體、傳統媒體

大眾傳播：更擴大到國家社會各層面，甚至於國與國之間（國際傳播），利用大眾媒體傳達給社會中大量、不同層面的閱聽人。大眾傳播的本質是作單向的傳播，是「單方面對多方」（One-To-Many），或是「單向面對多向」（Point-To-Multipoint）的一種傳播方式。雖然有雙向過程，但是傳播層級具有絕對的權力。

從傳播的層次來看，自媒體涵蓋了所有的層次。從表格之中，我們以傳播要素來看，就可以了解自媒體的全面性。

自媒體的天時地利

Web2.0 開啟新局勢

尼爾森（Jakob Nielse），是網路使用性的專家，1995 年發表了「Web 十大可用性原則」，人可與電腦作各種互動，可以在電腦上設定自己所需要關注的事情。2004 年，歐萊禮（Tim O'Reilly）提出 Web 2.0 的概念，並且在 2005 年研討會上發表，從此以後新一代的網路如脫韁野馬般快速發展起來。Web2.0 並非標準技術，也不是什麼軟體版本，而是一種新的網路概念。終端使用者基於互動、參與、分享的開放運作模式，提供網路平台，連接設備，透過共同的網路架構，和網友共同創造成果。換句話說，每個網路使用者都可以參與這個平台，與對方的資訊作互動、交流、分享，在參與的過程中，匯集眾人的力量，做出最後的成果。

Web2.0 的網路環境之所以能夠開創自媒體時代，有賴於幾個特徵：從下而上的參與者架構、結合群體智慧、點對點傳播、客製化。

以網友為中心來共同創造內容，既然是以網友為中心，所以強調免費、開放、自由的精神，由網友共同參與、編輯、討論，他們互相連結並分享資訊，把「由上而下」的組織改成「由下而上」，而且可以因應使用者來量身打造。這些特徵被廣泛地運用到部落格或社群網站，讓每個人都可以上傳文字、圖片、影音，與他人一起進行溝通、分享、創造，自然就形成「電腦即舞台，人人皆可說」的局面。

Web 的進化

	Web 1.0	Web 2.0
網路媒體	靜態網頁、入口網站	部落格、XML、RSS、維基百科、P2P
內容型態	私有	分享
互動應用	網路表單	應用程式
分類邏輯	分類	分眾分類
用戶動作	搜尋、下載、閱讀	連結、上傳、分享
代表公司	Netscape、Yahoo、Google	臉書、YouTube、Plurk、Wiki、Twitter

行動上網帶來決定性變革

自 21 世紀開始，行動電話結合網路、影音，使得傳播科技結構已經改變。行動電話不再只是一種通訊工具，更整合成具有多媒體功能的個人行動裝置，可以說是小型電腦。換句話說，行動通訊突破了時空限制。

近年智慧型手機的普及率愈來愈高，全台灣 40 歲以下成年人，有上網習慣者約占九成，使用智慧型手機上網已經超過電腦上網。行動裝置的普及率逐年升高，加上無線寬頻網路進展快速，使得行動應用服務蓬勃發展。大環境與行動裝置的變革，都使閱聽人接觸行動裝置的時間增加，侵蝕原有接觸傳統媒體的時間，也改變了閱聽人使用媒體的行為。

現今的行動裝置具備互動性和即時性的特性，符合現代傳播者和閱聽人的使用時間及行為，尤其以智慧型手機為主流，具有易攜帶、易聯繫、小型化跟個人化四個特徵，使愈來愈多的閱聽人選擇在行動裝置上接收資訊，也直接影響了媒體產業轉換既有的營運與商業模式，面對這個龐大的商機，呈現多元化的發展。

行動科技把一個人的時間和空間加以重新排列，填滿了閱聽人日常生活中的時間空隙，使傳播者和閱聽人的便利性及效率大幅提升。現今，閱聽人只要擁有行動裝置，不論在搭乘交通、用餐或如廁，只要手空出來就變成低頭族。在早晨搭捷運上班途中，滑滑手機瀏覽社群平台上最新事物，會比看晨間新聞或是閱讀一份報紙，更受現代人歡迎。舉個例來說，像社會時事婚姻平權的議題，許多人是從在蔡依林的臉書上得知，而不是來自新聞報導。

 自媒體來自於人性

無拘無束最精彩

每當颱風來的時候，氣象台百家爭鳴，明明規定中央氣象局才能發布氣象預報，甚至也知道各家氣象台的預報解讀不一，但是民眾選擇接收各家氣象台資訊，甚至於更相信氣象預報員發布的臉書內容。氣象預報員透過自媒體來發聲，因為不是代表氣象局，他可以用工作上所獲得的資訊，更加大膽地預測分析。例如：2016年因為極地氣旋產生的霸王寒流，在寒流來之前，日本預測台灣會下雪，擁有個人自媒體的氣象預報員也預測台灣會下雪，但是中央氣象局堅決否認台灣會下雪的傳言，畢竟在歷史上，台灣平地沒有下雪的紀錄。

氣象局如果預報會下雪的話，勢必引起一番騷動，想必有此顧忌而不敢妄報。結果，台灣平地真的下雪了。在下雪的當天，民眾追雪的過程，已經完全捨棄中央氣象局的資訊了，甚至於也不相信電視台和其他媒體，而選擇相信遍布在山區每個網友的臉書。許多網友一看到有下雪的情報，就立刻上傳到網路上，而且這個時代有圖有真相，讓所有人不得不相信，也立刻跟隨消息前去追雪。結論就是民眾寧可相信自媒體，導致傳統

媒體也引用自媒體資訊的現象產生。

在傳統媒體時代，官方控制的媒體往往掌握了所有的資源。為了反制官方壟斷，反對的一方往往會想辦法去成立有利於反方的媒體，例如地下電台。

當年美國發動波斯灣戰爭，入侵阿拉伯國家，所有的新聞導向被美國媒體一手遮天，大多以美國的價值觀和利益出發，左右世界觀感。於是卡達成立了半島電視台，任職的記者都是來自阿拉伯國家，完全以阿拉伯世界觀點來報導新聞。在美國九一一事件之後，它多次播放賓拉登的獨家新聞，引起了全世界的關注。

2003 年，美國再度入侵伊拉克，半島電視台在報導中堅守立場，被稱作「中東的 CNN」，確立其地位。2006 年，出現了以電腦駭客為主的自媒體——維基解密。創辦人阿桑奇（Julian Paul Assange）以電腦駭客手法入侵美國國防部的網站，在國際網路上公開了許多美國國防外交的檔案，引起震撼。後來維基解密又陸續公布許多檔案，的確造成了世界上很多國家的政權和社會結構動搖。最有名的就是 2016 年的「巴拿馬文件」，揭露多國權貴利用避稅天堂藏富、逃稅，甚至洗錢。

底層社會心中的怒火被點燃，前面我提過的「社會反動思維」迸發，全世界各國的人民紛紛透過民主選舉，讓反對黨和新的政權翻盤執政。

媒體的初心

媒體被稱為第四權（The Fourth Estate），國家、公眾受到媒體的監督。但是曾幾何時，媒體也不再被人民所相信，因為傳統媒體的門檻太高，形成壟斷，也聯合起來控制大眾「知的權利」，所謂「記者是文化流氓」，就是在這個氛圍下所產生的名詞。記者若不是根據事實真相做報導，而依自己的意志，拿事實來佐證自己的觀點，去報導先入為主的內容，從中獲得好處，必然使媒體人應該秉持的公正專業形象蕩然無存。加上當媒體的組織結構發展到一個規模，若沒有進行質的提升，製作更具深度報導內容，反而會向下沉淪。

因為媒體產業自由競爭、高度市場導向，新聞受到商業化的扭曲，市場過於自由放任，媒體報導不但無法達成多元化，反而過度追求商業利益，而使得報導內容廉價而粗糙；獨家新聞及 SNG 車的濫用，大幅降低新聞水準。電視新聞製作以高收視率為目標，將閱聽人當為消費者而非公民，使得報導內容狹隘性與同質性過高，反而會讓閱聽人的選擇愈來愈少。

這樣的氛圍下，民間對媒體亂象開始抵制，閱聽人對媒體再也沒有信心，從選擇不相信，甚至不去接觸媒體。於是閱聽人選擇透過新興的自媒體，作為獲得資訊的來源，這個年代有圖有真相，很難掩蓋事實；而且這些自媒體的經營者，多數來自於個人的分享，非以利益為出發點，所以公信力反而超過傳統的媒體。閱聽人選擇接收自媒體的資訊過程中，有高度的選擇權，主要是因為有愈來愈多的選擇以供判斷；閱聽人可以從各種的觀點來分析，用自己的觀點來下結論。以前是「代議」民主時代，而現在是「直接」民主的時代。

在自媒體時代，每個人既是傳播者，也是閱聽人。當閱聽人可以擔任傳播者，便成為推進自媒體新興的主動力量。以前要上報紙很困難，上廣播節目更加困難，想上電視幾乎是不可能。如今卻是大相逕庭的時代，與其崇拜羨慕螢光幕那些偶像，那還不如自己試試看。

2 百家爭鳴——大話時代

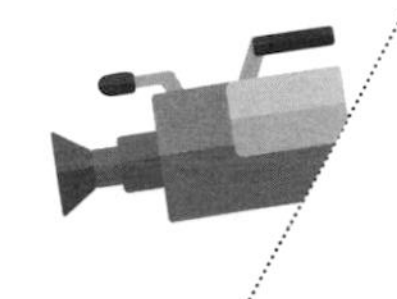

魅力無限的第五權

自媒體具有傳統媒體功能，卻不具有傳統媒體運作架構。自媒體具有「個人化」、「即時性」、「社交性」、「工具性」等幾個特性，因而衍生出下述幾個特色。

大眾化

丹．吉爾摩的著作（*We the Media*），副標題是：「草根新聞刊物為大眾所創作，也為大眾創作。（Grassroots Journalism by the People, for the People.）」中文字很有趣，為大眾創作的「為」，發音二聲；也為大眾創作的「為」，發音四聲。每個傳播者都是閱聽人，每個閱聽人都是傳播者，每個人都在這個媒體平台的圓桌會議上，觀察、發言、被關注，每個人也都是這個平台圓桌上的主席。

這個媒體平台彷彿就像設置在一般大眾家中的客廳，每個大眾自己都是媒體中心；而在這個第五媒體時

代，這個媒體中心又能跟著每個人，移動到任何地方。

一般大眾隨時隨地都可以利用網路，來表達自己想要表達的觀點，傳遞、接收、交換他們生活的訊息，構建自己的社交網路。

在人類層層的社會結構中，每個人被壓得喘不過氣，只有上位的人才擁有高度自由傳播權；在民主的金字塔結構下，雖然上位的人（或媒體）是由民主堆積出來的高度，但是上位的傳播方式是「由上而下」，無法全面性地表達結構層所有的意念，少數群體也被多數所淹沒。自媒體則全面打破這個「民主金字塔」，每個人都是一個小小金字塔，可以各自從小小金字塔的頂端來發聲。

我們常說媒體是第四權，為人民發聲，但是媒體也是一種金字塔結構。從右圖來看，傳統的金字塔是許多小三角形形成的緊密結構，只有金字塔頂端才能發聲，底層的小三角形卻不能出頭。

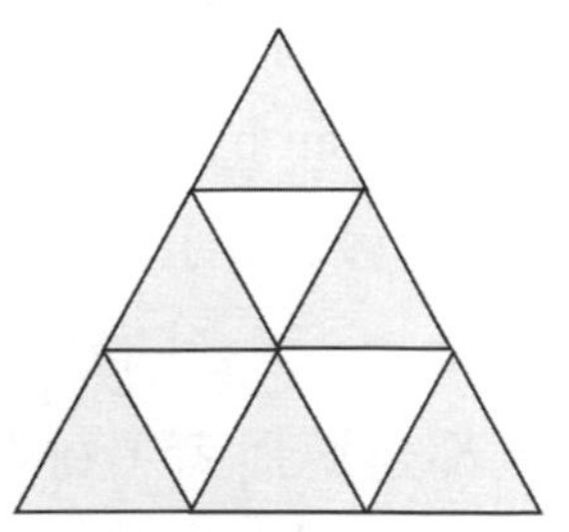
▶傳統媒體的金字塔結構

然而新的金字塔結構圖，卻像雨後春筍一般，每個小三角形都是一個小金字塔，各立山頭，都自己可以發聲。而且許多小三角形物以類聚，又形成為一個金字塔，也形成一股力量。

▶自媒體的金字塔結構

自主性

當人類擁有了自己的知識技能，便會去發揮己志，改變環境。每個人都是一個自主的個體，從一出生下來，便受到社會結構的層層約束。在學校裡面學習許多知識技能，但是從學校也學習如何被約束。而這個約束的力量，只有少部分來自內心的道德，絕大部分則來自外來的羈絆束縛。

網路偏偏就是一個缺乏外來羈絆束縛的環境，每個人躲在網路的終端機後，所以也不知道誰是誰；網路上的用戶這麼多，甚至一個用戶可以擁有多個帳號，一個人分飾很多角色，玩起角色扮演 Cosplay，自己用這個帳號發布訊息，然後用另外幾個帳號回應，每個傳播者都擁有自己的一個虛擬王國。

2006年，美國《時代週刊》（*Time*）選出了年度人物，只有一個大大的電腦螢幕和鍵盤，螢幕上寫著：「就是你。你掌控了資訊世代，歡迎來到你的世界。（Yes, you. You control the Information Age. Welcome to your world.）」You，就是網路數位內容的所有用戶。所以，你可知道你曾經是《時代週刊》的年度人物嗎？

▶《時代週刊》封面

門檻低、運作簡單

自媒體的門檻低，包含硬體的架構和傳播者本身的能力。

要成立自媒體，需要什麼成本嗎？反正現在人人都擁有手機，即使只是要用來打電話，手機卻都已經是智慧型手機，非智慧型手機想買還買不到。要成立自媒體，也不需要經過什麼專業技術和團隊的門檻。在任何自媒體網站上，用戶只需要通過簡單的註冊，根據平台所提供的空間和可選的模版，就可以布置成自己的專屬空間，在網路上發布文字、音樂、圖片、影片等資訊，就成為了自己的媒體頻道。

第五媒體時代的發布訊息門檻又低又快，傳播者只要拍攝一張照片，然後發布，就是一篇報導。傳播者也不需要大費周章地去輸入文字，甚至只要使用語音轉換文字的功能就可呈現。

反觀報紙刊物、廣播、電視等傳統媒體而言，團隊運作是一件複雜的事情。它需要花費大量的人力建構和財力支持。訊息從媒體平台金字塔的底層傳送到頂端傳播出去，經過層層關卡；而這個訊息的醞釀到完整包裝的前置時間，可能又要耗費大量的人力、時間、金錢。

即時性

如同一場地震的發生，網友在最短時間內，就直接在媒體平台上寫下有地震。每位網友比的是誰第一個傳播這個訊息，誰快誰就贏。

現在媒體內容的呈現，光是有吸睛、有內涵的內容，似乎已經不能呈現出它的精彩度了。即時直播最具有舞台張力。一場球賽如果不是 Live 直播，收視率可能會少了一半以上。對於歌手的演唱，現在的趨勢已經不是非常重視歌手在錄音室所呈現的最完美演出，而是取決於他會不會唱現場。這些現象跟文化演進、群眾思維都有關係，速食文化影響不小。

隨著網路頻寬的增加，手機甚至都已經內建了直播的功能，閱聽人的胃口也養大了。往往一個非直播的影片受歡迎的程度，會遠低於直播的影片。

傳統媒體的直播需要更多的團隊和成本來作為後勤支援，然而自媒體的直播門檻比較低，閱聽人的要求也沒那麼高，所以傳播者可以隨時隨地、毫無牽掛地播放直播內容。

自媒體的即時性，在實際生活的應用面，發揮了無與倫比的功效，例如南亞大海嘯、地震災情、台灣風災等災情影片，甚至於成為了即時救難的依據。

台灣每年都有颱風，中央必定會成立颱風指揮救災中心，是最重要的指揮中樞。但是從 2015 年的颱風開始，指揮救災中心的行動力就已經從台北轉移到民眾的手機上面。因為那次風災造成屏東淹大水，當地救災隊為了因應緊急狀況，要在第一時間救災，無法等待中心指揮命令，而是直接打開有線電視轉播，有畫面有真相，逕自進行搶救。而電視畫面是怎麼來的？一開始的新聞畫面居然是從爆料專線接收自災區待援民眾的手機畫面，然後再安排 SNG 車前進到災區拍攝實際的狀況。遠在台北的指揮中心也順應潮流，直接對救災隊下令，直接看有線電視的直播，根據直播來救災。當天後續的通報行動，民眾不再通報政府機關了，直接把手機畫面傳到有 SNG 的有線電視台，也獲得了最立即的救援。

互動性和傳播能量

自媒體的傳播速度可以說是又快又廣，速度跟廣度取決於網友的互動。一個沒有人關注的新聞事件是不會傳遞開來的，傳播速度也不夠快。以前傳統媒體傳播由上而下，就像河流一樣。我們都玩過足球場或是棒球場上經常會玩的波浪舞遊戲，第一排站起來的人只能傳給左邊或右邊的鄰居，而鄰居也只能傳給鄰居，要繞球場一圈，就看人力接龍起立坐下的速度。

而自媒體的傳播，是輻射式傳播，傳播方向朝向四面八方，除了一傳十，十傳百，再加上各種不同的方位。互動的傳播機制是非常驚人的，把訊息傳播給一個互動者，而此互動者又是新的傳播者，可以加倍朝向四面八方傳播。像是前幾年流行的冰桶挑戰，從第一個人拋出提議，點名周遭的名人後，名人藉由這個方式提高知名度，然後又點名其他的名人，輾轉之間又傳到各行各業去，影響層級擴及到各階層，然後又在親朋好友間傳播開來。你原本坐在電視機前面看到冰桶挑戰新聞，看了覺得很有趣，就結束了，也不可能自己準備一大桶冰水往自己的頭上倒。但是在網路上，經過社群網站的傳播中，總有一天會被點名。這種傳播力量，比以前閱聽人只需要聽讀，更顯得有影響力，因為它會轉化成行動。

地球在一天之中，至少有一半的地方是白天，自媒體傳播突破空間和時間的限制，在任何時間、地點，都可以進行。作品從製作到發表，其迅速、高效，是傳統的電視、報紙媒介所無法企及的。自媒體能夠迅速地將資訊傳播到受眾中，受眾也可以迅速地對資訊傳播的效果進行反饋，自媒體與受眾的距離是零。

誇飾與激化

製造衝突，是每部小說吸引人的主要因素，知名小說作者詹姆斯．傅瑞（James N. Frey）說道，小說要吸引人，就是衝突、衝突、再衝突。每天一打開臉書，它會引導閱聽人去點閱哪些訊息，其背後隱藏的是它的演算機制，社群過濾（Social Filtering）功能可以利用群眾的力量將可能值得關注的資訊篩選出來。傳播者為了博取更多人按讚或訂閱，會根據臉書的程式行為，改變自己傳播的內容，導致內容變得愈來愈極端。

每個社群媒體的形式與生態，為追求流量，不斷地製造衝突，也為推波助瀾的重要因素。為了要製造衝突，傳播者不斷在遣詞用字上採用偏激的手法，對於娛樂文化來說，就是要「重口味」，而且愈來愈誇張，內容的涵義反而被遠遠淡化。對於電子商務來說，不斷競價也是必然趨勢。

水準不一

成為自媒體的傳播者的門檻太低，人人皆可以成為自媒體，媒體平台上，簡直就是龍蛇雜居，也導致自媒體的水準也良莠不齊。

每個人想表達的類型和內容各有不同、五花八門，發布的資訊也隨心所欲地編輯。這些資訊，有的是對專業學理的研究，有的是對人生體悟的感觸，有的只是對生活記事的流水帳。無所拘束的情況下，網路世界的資訊，顯得更豐富且多元化，任何人事物都可以在這裡找到配對成功的同好。而這也是開展網紅事業的重要因素。

自媒體也是謠言來源

人性有一個弱點，就是會選擇對自己有利的方向去相信。由於自媒體的消息來自草根大眾，網路的隱匿性讓網路使用者暢所欲言，而且發言的切入點，正中網友的切身需要，這些謠言被接受的程度，往往高於傳統媒體。

由於自媒體缺乏新聞素養和規範的約束，經常藉由點閱率和網友回應來獲得滿足，所以發布資訊，通常不會考慮到可能的後果。自媒體有高度互動的特性，網友在轉述時，從不同的觀點來切入，甚至是加油添醋，原意已經被扭曲，以至於失焦。所以謠言往往從一個小小的熱帶氣旋而發展成為颱風。「曾參殺人」、「三人言而成虎」的影響力，在網路時代更加嚴重。

使傳統媒體無法掩蓋事實

網路謠言的可信度固然不高，但是官方說法也不盡然可信。傳統媒體受到組織管制，一切以利益為考量。在這出發點下，狗仔隊（paparazzi）成了官方媒體環境下所衍生的產物，一開始是以揭發名人隱私為主，但是到了自媒體時代，人人都是狗仔隊。動輒發掘各種小祕辛，而且有圖有真相。

媒體控制新聞的行為，不外乎為了政治和商業利益。媒體自詡為監督社會的第四權，然而自媒體的出現，又成為監督媒體的「第五權」。現在已經沒辦法從傳統媒體上來作完美包裝和掩蓋事實；媒體若要掩蓋真相，也徒然消耗自己的信用額度。

無法可管

法律永遠趕不上科技的腳步，因為法律永遠無法預知科技會有什麼變化；然而科學家也無法預知科技會發展成什麼樣子，也無法預測科技會帶來什麼變化。明明是開發感冒藥，結果發明了可口可樂，改變飲食習慣。隨著科技的加速進步，法律的演化被人類的行為遠遠拋在後面。台灣成立網路警察的時間點，已經是 BBS 發展的十年後。

在傳統媒體興起的年代，言論自由便已經被廣泛討論，多年來不斷被拿出來檢討。在狗仔隊興起後，隱私權、肖像權這些名詞開始出現在社會討論中，也在傳統媒體中得到制約，所以現在出現最多的電視畫面就是馬賽克畫面。那麼自媒體出現以後，這些要怎麼管？

一個名人的照片在自媒體中出現，不僅沒有馬賽克保護，還被大量複製、大量轉載；或許等到一分鐘之後，原傳播者把照片拿掉，但是這張照片已經繞了地球好幾圈了。當事人即使要怒告，在茫茫的網路世界，不僅難以蒐證，也找不到對象。甚至於有跨國性的問題，各國的法律見解都不同，讓問題更加棘手。

自媒體是個人言論自由，但是當網友習慣於八卦網站交流討論時，「可接受公評」的分際也愈來愈模糊。人民對於言論自由的行使，必須深知應有的權利和義務。與其規範自媒體所衍生的法律問題，不如加強網路使用者對社群認知。曾有不道德的獨立記者上傳國家元首的穿幫照，很慶幸網路上的穿幫照很早就被刪除，也沒有人去複製轉載，這就是很好的例子。

社會結構翻盤

在自媒體時代，每個人都有直接的機會，藉由媒體來提高自己的身價。以前經常有升斗小民對抗擁有傳統媒體的大財團或是政府機構，我們經常稱之為小蝦米對抗大鯨魚。在自媒體的時代，小蝦米經常可以扭轉情勢，站在贏的一方。為了這股時代趨勢，大鯨魚也被迫跟著時代潮流走，轉而去討好小蝦米，因為一群小蝦米背後所代表的是大量的利益和商機。

這兩年，不管在台灣還是中國大陸，百貨公司的實體通路規模大量縮減，很多台商原本到中國大陸投資大賣場，覬覦龐大的消費市場。再往前推廿年，那時候吹起企業整併風，大賣場也不斷有購併、擴張的手段，但是從前幾年的大肆擴張，到如今卻節節敗退，衰退速度之快，遠超過擴張的速度。隨著自媒體電子商務形成潮流，有名的成功例子就是淘寶網，什麼物品都賣，涵蓋百貨公司、大賣場所有商品，應有盡有，這些百貨公司和大賣場也不得不順應潮流，走向網購。電子商務挾帶優勢的購物情境，改變了大眾的消費行為。

劣幣驅逐良幣

現在是一個無聲革命的時期，每一次社會翻轉，就會造成一些文明必然的摧毀。網路上大量的資訊，會淹沒很多優質的傳播內容。一方面是閱聽人無法從茫茫網海中找到他要的黃金，一方面是跟著世俗潮流走，水準會愈來愈低落。

當評論變得輕易，意見也隨之變得廉價。其實一個真正好的內容是不會被隱沒的，但是在眾多好的內容，要如何做比較？那還是得犧牲一些好內容。如同社會上存在許多菁英，但是能夠爬上頂端的，如鳳毛麟角。而這個結構的底層，是由很多基層人才所支撐起來的。

但是水準日漸低落的問題，也有可能會由網友和業主們找出另一個出路；當網友對原有的內容不滿意，進而減少使用，業者便會嗅到警訊，再找出另外一個方式。畢竟這種問題，從最早 BBS 時代就開始被檢討，每一個時期，都有每一個時期的作法和新的產物。

產生新文明

前面提到網路上的次文化，大量的網路用語，建構了屬於網路世代的文化架構，這些文化由草根勢力所引領。

我們從火星文來談起，隨著網際網路的普及，年輕網友為了求方便或彰顯個性，開始使用符號來取代文字。例如使用 XD 代表笑臉，由於台灣大部分的人輸入法使用注音，所以大量的注音符號出現，族繁不及備載。

我們稱之為火星文，詞彙最早出現於周星馳電影《少林足球》，在有線電視上面大量放送，形成每位網友的共同符號，到 BBS 上面一呼百應。

如果只是網友之間產生的次文化，那就罷了，因為其他族群也被影響，進而成為現代文學的一部分，例如：電影《人在囧途》、《囧男孩》。而《囧男孩》的英文片名是（*Orz Boyz!*），不管中文還是英文，都是火星文。

這些次文化是在國家未來主人翁之間流行的符號，難道你不會去注意它嗎？當這些符號形成一股暗黑勢力，難道你有辦法去封鎖它嗎？如果要糾正它，那麼我們周遭有多少用語是自古以來將錯就錯、積非成是的錯字或成語？那麼一堆英文縮寫、中文簡寫又是正確的嗎？難道只有文學家能夠去新創一些新的詞彙？

如同 30 年前的音樂課本，要學生學的都是藝術家寫的歌曲，視流行歌曲為靡靡之音；但如今的音樂課本，充斥當年的靡靡之音。甚至也不教樂理了，音樂課教學變成了 KTV，還要求學生去網路下載電音女王的歌曲，因為這一代的音樂教師和音樂資源已經改朝換代。或許在多年後的課文註解會寫：「囧」，周朝時的意思是光明貌，現今的意思是尷尬、無奈、窘境。

在計算加減乘除的時候，可能只有我們在背九九乘法表，充滿填鴨式教育的風格；有些國家的計算方式就不是用這種方法，例如印度。或許我們在新的思考邏輯下，會衍生出不同的文明。

自媒體的優缺點

雖然網路社群是建構於網路的虛擬空間，但其也深受現實世界影響，在「網路商機，如何經營虛擬社群」（Net gain: expanding markets through virtual communities. By John Hagel III & Arthur G. Armstrong）提到，虛擬社群的真正意義是它們把人們聚集在一起，虛擬社群吸引人們的地方，是提供了一個讓人們自由交往的生動環境。而此基於人類的四大基本需求：興趣、人際關係、幻想、交易。很多使用者，漸漸分不清楚現實環境與虛擬空間之間的分際。

自媒體所有的特點，都是優點，但也都是缺點，往往是一體兩面來呈現。所謂一把刀，兩面刃，然而這是一把巨大鋒利的刀，產生的力量是無以倫比。重點是要用什麼樣的態度去看待自媒體這股時代的趨勢。

自媒體的優缺點整理表

	優點	缺點
大眾化	每個人都有機會出頭	原本不想紅，卻突然紅起來
自主性	每個人可以發揮所長	每個人自我膨脹
門檻低	很輕易可以發布資訊	很容易出亂子
即時性	第一時間達成目的	太快，想喊停卻來不及
互動性	可獲得掌聲和回饋意見	往往被轉移焦點、扭曲本意
能量大	節省很多宣傳的工夫	過之猶如不及，負面能量也很恐怖
激化	內容的張力強，有助於進步	影響到個人性格和人際關係
水準不一	每個人都可以勇於發表	排擠好的內容和作者投入
真實性	讓內容更清楚表達	容易造謠或本意被扭曲

你要如何去運用自媒體呢？如果要表現演藝才能，可以好好掌握即時性和互動性，但是要妥善準備，而且要懂得如何去與觀眾互動。如果要在自媒體上賣東西，就要掌握真實性和即時性，充分知道競爭對手的商品，但是真真假假，假假真真，會不會被不實資訊影響造成誤判？如果你要表達關心娼妓的社會問題，那要掌握大

眾化、自主性、互動性、能量大、激化等特性。無論自媒體再怎麼發展，到最後一定要回歸傳播者的出發點和內容的本質。出發點必須是良善的，散發正面能量的；而內容仍需著重在內涵、深度，才能真正顯示出價值。

兩岸自媒體發展

「自媒體」一詞源自中國大陸用語，在自媒體的發展上，台灣在起步上已經落後了。

隨著網路科技的進步，社群媒體網路平台愈來愈多，而且幾乎每一個社群媒體網路平台都能滿足文字、圖像、音樂和影片等傳播功能，即使做不到，也能透過網路平台相互連結，把資訊傳達給閱聽人，然而中國大陸受限於言論自由的約束，只能在中國大陸所創建的特定網路平台作為傳播媒體，例如：百度、微信、新浪微博（平常大家掛在嘴邊的微博一詞是指新浪微博）、騰訊微博、優酷等，至於全世界普遍使用的Twitter、臉書、Plurk 和社群網站等，在中國大陸都被封鎖。台灣有言論自由，不受任何限制，可以利用國內外任何一個網路平台作為傳播媒體。

雖然中國大陸能使用的網路平台不多，但是中國大陸自媒體卻比台灣自媒體成熟和專業，當台灣的自媒體還是以「個體型自媒體」為主，中國大陸的自媒體卻已經走向「組織型自媒體」階段，例如：「羅輯思維」和「錦繡麒麟」。

想懂自媒體，且看羅胖

我們先來介紹這位中國大陸自媒體傳奇人物——自媒體影音脫口秀「羅輯思維」主講人羅振宇，他能夠成功在中國大陸自媒體占有一席之地，而且還紅到台灣、香港、澳門、新加坡等華人地區。雖然中國大陸當局把臉書、YouTube 封鎖，但是卻有一批非中國大陸粉絲為他建立粉絲專頁，甚至把他的影片上傳到 YouTube，就是因為他傳達的資訊有內容、有水準，他以生動有趣的方式來表達，讓閱聽人在短短的六十分鐘節目中，上了一堂有趣的知識課程。

羅振宇的「羅輯思維」在 2012 年 12 月底開播，每週推出一集，持續至今。以一個帶點嚴肅的知識型節目來說，這是一件不簡單的事，因為這種知識型節目，如果枯燥乏味，或內容太狹隘，只偏向某一個主題，例如：歷史、地理、經濟、社會、科學、科技生活、音樂、人文等，閱聽人可能看了十幾集後就不再追下去，更不用說還能從中國大陸紅到整個華人地區。

到目前為止，網路知識型脫口秀「羅輯思維」已經超過 4 億人次瀏覽，是中國大陸自媒體的網紅奇蹟，而之所以能夠吸引這麼多閱聽人，內容生動有趣是主要因素，加上包羅萬象、無所不談等，讓閱聽人增長知識。「羅輯思維」給自己一個明確的定位：「有種、有料、有趣」，在節目片頭的動畫中，我們看到動畫人物羅振宇啃了很多資料和書籍到肚子裡，然後吐出知識，此動畫傳達出羅振宇的想法：「死嗑自己，愉悅大家」。

「羅輯思維」的題材廣泛，甚至還會討論到民主、自由、打貪等敏感的政治議題，在沒有言論自由的中國大陸，這可是禁忌。但是羅振宇拿捏得宜，引用國外的例子來迴避它，不碰觸、不挑戰中國大陸的底線。

每週一集的「羅輯思維」，呈現出扎實的知識和有趣的內容，當然不可能出自他一個人完成，背後有一個強大且優質的製作團隊，從收集資料、消化、錄影、行銷等，分工合作，才能有如此成績。

在前面章節所舉的台灣網紅例子中，唯一能拿出來與中國大陸的「組織型自媒體」相提並論的例子，可能就只有蔡阿嘎。蔡阿嘎的影片，不只是由蔡阿嘎一個人完成，還有幾位好朋友跟他一起製作；但是，兩者的規模差距還是太大，內容的廣度和深度的差距也很大，以下表便可以比較兩者自媒體的差異。

兩岸自媒體比較

	中國大陸羅振宇「羅輯思維」	台灣蔡阿嘎的系列影片
內容	包羅萬象：歷史、地理、經濟、社會、科學、科技生活、音樂、人文等	主軸是「愛台灣」，主要作品有「食尚玩嘎」、「整個城市。都是蔡阿嘎的靠杯館」、「每日一台詞——台語教學」系列
瀏覽人次	已經超過四億人次瀏覽	在臉書上擁有百萬粉絲、YouTube 頻道百萬訂閱、YouTube 頻道點閱人次破億
製作團隊	強大的製作團隊和知識策劃 「羅輯思維」在 2012 年 12 月底開播，為了讓內容更充實和多元化，隔年 9 月公開招募撰稿人，目前常用的撰稿人超過五位，其中李子暘的稿費一集高達一萬元人民幣	蔡阿嘎與幾位好朋友：戴面具的大頭佛、暴牙 B、熊貓人、猴子（「二伯」）及掌鏡者藏鏡人的狗歐屁

在自然界，我們都知道達爾文「物競天擇」的理論：

優勝劣敗，適者生存，不適者淘汰。在虛擬的網路世界也是如此，能夠留下來的自媒體，必須達到一定的水準，否則一定會被淘汰，而一個人的能力有限，單打獨鬥的個體型自媒體，最後還是贏不了組織型自媒體，因此必須走向團隊運作，形成組織型自媒體，分工合作，才能持久。中國大陸自媒體洞察先機，比台灣自媒體早走這一步——走向專業化的組織型自媒體。

想賣東西，請先上網

上面所探討的是兩岸知識型態的自媒體發展，接下來，我們也探討一下兩岸商業型態的自媒體發展，「商業型態自媒體」是指電子商務的購物平台，電子商務購物平台可以讓傳播者傳播自己的商品。中國大陸規模最大的兩大電子商務購物平台為淘寶網和阿里巴巴，徹底改變了中國大陸的購物習慣，雖然台灣的市場比中國大陸小，但是台灣的電子商務購物平台更是多到數不清，其中最廣為人知的是 PChome 購物、Yahoo 購物、Momo 購物網等等，除了傳統的電子商務購物平台，還出現很多團購型的電子商務購物平台，例如 GOMAJI 夠麻吉、17life。

根據 2016 年「消費者洞察報告」和「台灣數位消費者研究報告」指出：台灣已經多達七成網友在購買前

會先透過網路第一次接觸產品，也在購物前透過搜尋引擎查資料。而懂得「精明消費、享受生活」的新興族群「精享族」，在網路上參與和分享的動力又更高。超過七成的「精享族」在購物前會先在網路上做功課，將近七成的「精享族」則花費在虛擬通路的時間多於實體店面。他們會在網路上進行產品規格評估功能、價格、促銷優惠和使用者評價，此一購物決策流程已經成為台灣消費者的購物習慣，因此不少台灣自媒體已經走向商業化，很多中小企業主會邀請知名部落客或網紅體驗商品，撰寫體驗文（業配文）或透過各式各樣的社群媒體網路平台來行銷產品，例如臉書、Instagram、Line、YouTube 等。

甚至連傳統直銷購物公司也建立本身的網購平台，例如：安麗（Amway Taiwan）、美安（SHOP.COM），他們更各出奇招來吸引更多網路消費者，安麗推出網路電視，而美安台灣推出現金回饋計畫，購買美安獨家品牌產品，或標有現金回饋標誌的夥伴商店購物，即可賺取現金回饋；推薦他人購物，還可從被推薦人的消費現金回饋中抽成。因為根據統計，社群購物力量大，98％的消費者信賴朋友的建議，只有 14％的消費者相信廣告。

兩岸電子商務購物平台呈現百家爭鳴的盛況，領導著消費者市場的需求及動向。

第五媒體時代

所有新興的媒體，統稱為新媒體，但是自媒體已經有了正名，稱為「第五媒體」，正如我前面提到的媒體時代劃分。

美國密蘇里大學雷諾茲新聞學院（Reynolds Journalism Institute, RJI）在行動裝置調查研究中，把行動裝置分成五大類：⑴智慧型手機；⑵大型多媒體平板電腦，指的是 9.7 吋以上顯示器的平板電腦；⑶小型多媒體平板電腦，指的是 7 吋以下顯示器的平板電腦；⑷小型無線設備，例如筆記型電腦、平板電腦和具備上網功能的數位助理；⑸無線電子閱讀器，大多搭配電子紙，例如 Sony 閱讀器。

從行動裝置的商機開始以後，各種裝置被發明出來，到最後由智慧型手機一統天下，智慧型手機是整個人類歷史上，增長最快的一個消費者技術。很多使用者會跳過後面四項，直接使用智慧型手機。智慧型手機被定義為：具備通話、上網功能並擁有獨立作業系統、方便攜帶且可擴充應用程式的數位助理。

到今天為止，智慧型手機的價值已經不再是功能性產品，而變成了一種時尚商品。蘋果的 iPhone 只要一推出，就引來不少的收藏者和炫富者，似乎非蘋果不能搭配他的身分地位，這可是賈伯斯為蘋果寫下最好的品牌故事。目前閱聽人最常使用智慧型手機接收資訊的四大管道是：APP、入口網站、新聞網頁、社群網站。手機的功用已經全面取代電腦了，接收資訊、發布消息情報、查詢資料、娛樂欣賞、朋友間的互動、購物、GPS 地圖、遊戲等等，已然成為第五媒體時代的主戰場。

傳統媒體因應現實的狀況，會做出一些分工方式，例如報紙會分成政治版、社會版、體育版、娛樂版、副刊、廣告等等；電視會分成新聞部、節目部、製作部及工程部。那麼以手機為主的第五媒體也會分成：APP（Application）、網站（Website）、社群媒體、個人化平台等四個區塊。

第五媒體的分類

類別	使用	功能	自主性
APP	安裝在行動裝置後，不需登入網頁瀏覽器，即可使用	分享、搜尋、回應	客製化

網站	透過上網功能連接至資訊平台	獲取自己需要的資訊或者享受網路服務	無
社群媒體	線上溝通的平台，可讓閱聽人同時與多人溝通	互相分享資訊、表達意見，並具有社交性、互動性及分眾化等特性	無
個人化平台	自己可定義站台的環境	擁有社群媒體的功能	客製化

表格中分眾化的意思是傳播者根據閱聽人需求的差異性，提供特定的訊息與服務。而個人化平台可以整合所有社群媒體和網站的功能，是第五媒體的重要發展方向，將來也會帶動相關產業。至目前為止，出現了以往前所未聞的產業名稱，例如：APP、文創、網遊、手遊、Cosplay、微電影等。

在第五媒體時代，現今的使用者不再只是消費者，而是成為生產性消費者（Prosumer），亦即是消費者，也是內容生產者，並與其他生產者協同生產。你，準備好了嗎？

3 自媒體時代下的變革與隱憂

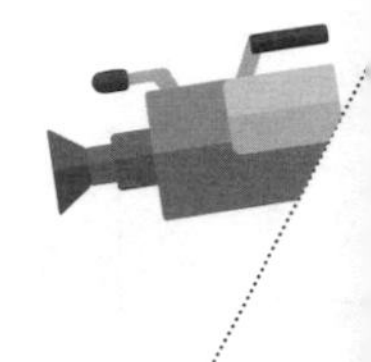

對傳統媒體的影響

自媒體的出現，對傳統媒體產業型態與文化，產生了實質的衝擊。而且層面相當廣，幾乎是全面顛覆。

傳播的對象

傳統媒體中，傳播者和閱聽人界分得非常清楚，它是由上而下，由點到面的傳播方式，傳媒受眾永遠處於「被動」、「挨打」的位置，有些媒體平台增加許多與閱聽人互動的方式，但是媒體說你可以動，你才能動；也就是說：「朕不給的，你不能要。」而自媒體打破了這個局面，自媒體沒有所謂傳播者和閱聽人的界線，每個人都可以擔任自媒體的任何角色，產生對等的互動。民主時代，當總統，人人有機會。

打破傳統媒體的壟斷

傳統媒體的組織形成，必須要有資金，也需要團隊，由於有一定的門檻，所以形成了一種壟斷。傳播者要發布資訊，必須要壟斷階層的同意，才能夠發布。例如早期台灣有新聞局去控制所有的出版作品，等到後來取消出版品審核，又成立了國家傳播通訊委員會，去審定傳播媒體的資格。即使政府不去限制言論自由，那麼所有資訊是否能夠通過傳統媒體的管理者呢？這些資訊是否符合管理者的利益呢？

自媒體的出現，可以根據自由意志，不拘任何形式和地點來發出資訊，即使這個國家法律不容許，換一個國家傳遞資訊就管不到了，就像賭神要賭博就要跑去國際公海。所謂道高一尺，魔高一丈，資訊的封鎖是防不勝防。

成為傳統媒體的資訊來源

自媒體突破了時間和空間的限制，可以在第一時間獲得訊息，可以獲得多元化的訊息，可以獲得廣域的連結，而且幾乎不花費成本就可以取得，這都是傳統媒體所無法取代的優勢。

以復興航空台北空難為例，在電視新聞畫面還沒出來之前，網路上就已經出現了空難過程的第一手畫面，這是經由行車紀錄器錄製上傳的影片。其中這個畫面也引起全世界各航空專家的重視，紛紛前來台灣實地考察，因為從未有這麼近的距離，拍攝到墜機的畫面。因為近距離清楚拍攝，可以看到機翼上的螺旋槳沒有旋轉，很快就釐清失事的原因。這位影片提供者也同時扮演很多角色，他是攝影記者，又是目擊證人。一張好的照片和影片，並不全然是來自它的完美，而是來自它的獨特。需要一個好的新聞來源，機緣是相當重要的。

顛覆傳統媒體價值

媒體產業興起百年，不斷有人在檢討媒體的價值、媒體的責任、媒體的社會地位。潘公弼先生所發表的〈報紙的言論〉，把新聞的價值豎立了高標竿：動機純潔、識見卓越、文才暢達、膽氣橫逸。身為大眾傳媒，必須肩負比政府更大的社會責任，一切以宏觀為出發點。但是自媒體卻是完全不同的概念，猶如民主與獨裁的對抗。自媒體一切都是以個人自我的觀點為出發點，從自我出發，獲得大眾的認同，轉化成強大的力量，產生影響力。就像一個颱風，在關島附近海面的小氣旋開始，慢慢地長大、壯大、吸收海面上的水氣，經過長途跋涉，終於成為一個強勁的颱風。

微內容的概念

尼爾森提出微內容（microcontent）的概念。微出版，讓任何人開始利用 Web2.0 平台來發表自己系統的想法和觀念；而微內容，不再讓出版成為一個龐大的結構，一段文字、一張圖片、一段影片，都是微出版的內容。有時候一篇文章只需要一兩個文字就可以清楚表達文章的宗旨，而出版品不可能由一兩個文字所構成，但是網頁卻可以。微內容的閱聽人可為任何人，對微內容的轉寄、修改、評分，也會參與到其中的出版。這個出版物是經由大眾所構成的，而不是單純複製而已。

這種微內容的表現形式也很符合現代閱聽人的行為模式，也就是我在之前所提到的速食文化。

集體創作的概念

任何人都可以在微出版中表達自己、呈現自己，這構成一種集體創作的概念。

集體創作不但是大眾的，而且也是個人的，融合了所有的特點。發表、收藏、追蹤作者，是個人的意志，不受外來的影響；文章部落格的瀏覽人數、按讚次數、網友回應，則是屬於大眾集體創作下的成果。

第一個在網路上的著名集體創作概念，是在 BBS 笑話版上面，流傳的一個「江西神木」笑話。接著引起網友熱烈回應，又衍生出了很多不帶髒字的諧音，經網友們瘋狂接力，一個月後，還是有零星砲火，到最後網友整理完整版的笑話，加起來總共超過兩千個字。

這種特殊的網路文學，可能只有台灣人才看得懂，後來又有人製作成動畫，甚至有人當作表演的題材，形成很完整的網路多媒體創作。現在這種集體創作的概念，儼然成為另一種藝術表達的形式。網路上最有名、最重要的集體創作形式就是維基百科，集眾人的智慧，深度既深，廣度又廣，而且資訊可以隨時更新。即使內容編輯錯誤，也會有共同作者可以協助校訂修改。

人人都有「紀卜心」

紀卜心，這位近來被捧紅的「中學生女神」，可以說是憑空冒出的網紅。她在臉書上寫了沒有圖片的純文字：「再飽還是喝得下玉米湯」，短短八分鐘內獲得個5,600個讚，短短幾小時，該則貼文就有超過4.5萬個讚，一天暴增一萬個讚，追蹤族群多半是國高中女生。

她原本是一個在自媒體上面分享一些美髮美妝的國中女生，化妝分享給同儕看，但是她的頻率與網友產生共振，就像活在每個人心中，引起網友莫大的共鳴。紀卜心在高中時每次發文，動輒有 3、4 百人按讚；17 歲應網拍邀約，拍攝假髮廣告後，爆紅程度就一發不可收拾，原因還是一個謎。

輔仁大學周偉航教授對這個現象做了分析，即使全國三分之一的中學女生對她按讚，那麼總人數也不過就是 30 萬。另外的人數從哪裡來呢？再把中學男生加進去，那以後可能還有十幾萬人是來自各種不同年齡層。

網路上的互動所展現的動能是很可怕的，這些按讚的人，也不一定真的要去按讚。他們收到紀卜心發布資訊的通知，便搶在第一時間按讚，也可能不會去對她的內容多看一眼。這種按讚現象可說是不分年齡跟階層的，因為這是網友共通的特性。

我們更延伸來看這些現象，現在每個未成年人幾乎都能夠擁有一台自己的智慧型手機，青少年的社交圈已經跟 25 歲以上的族群，不可同日而語了。一個青少年學生能夠擁有多大的社交圈呢？經由網路這個虛擬世界，可以得到無限的擴張。他看電視，欣賞某位職棒明星，就去他的臉書上面跟他交朋友；看到電視的歌手覺得喜歡，也去跟他交朋友；任何一位網路上的名人、朋友的朋友、按讚的人士，都可以向他發出交友邀請；而且還可以加入很多社團，如職棒、職籃、歌唱、街舞、各種籃球社團等等。

從種種行為，不難發現一個現象，這些青少年學生的社交圈，竟然遠遠的超過一個成年人的社交圈。換句話說，這些小孩子還沒有出社會之前，就已經在社會上打滾多年了。這幾年來，出現不少青少年網路交友發生問題的例子，他們在社會上受到跟自己年齡不相稱的朋友影響，觀念提早成熟，而去做出不符該年齡的行為。

30 歲以上的年齡層，經歷過以電腦為自媒體的年代，多少影響了他們對自媒體的使用模式；而 20 歲以下的年齡層，他們所接受的第一個自媒體，經常就是手機。親朋好友圍在圓桌吃飯時，有幾個小朋友會不低頭玩手機呢？他們逛的社群網站所使用的應用程式，決定了他們對自媒體的行為模式，完全呼應了我在 Chapter.1 所提到的文化現象。

總之，我們必須要從這方面去了解青少年文化的特性，每個世代的思考模式都不一樣。紀卜心現象還可以值得好好觀察，或許青少年的思考模式跟寫書年齡層不同，尚無法被精準分析。但是有心要經營少女市場的人，我建議不妨去追蹤紀卜心的個人網頁，看能不能觀察出什麼發展要素。

各國網友的行為模式其實是差不多的，在中國大陸，手機早期是一種奢侈品，然而在手機普及後，則成為一種時尚產品。追求最新款的手機以及使用最火熱的手機應用程式，助長了中國大陸網友對自媒體的狂熱。相較於台灣，中國大陸的自媒體發展，已經提前跨入，形成一個產業供應鏈。

2015 年被稱為自媒體元年，進入 2016 年，自媒體市場更是被網紅 Papi 醬推向第一個巔峰。由於中國大陸人口太多，而媒體被壟斷，言論自由被限制，想要經過傳統的媒體管道冒出頭，是非常不容易的事。中國大陸正處於經濟起飛的時期，處處充滿了機會，創業是中國大陸年輕人的一股趨勢，自媒體是他們依賴的工具。而且中國的市場非常龐大，一個小小的自媒體，便可以擁有莫大的商機；其實只要瓜分市場的一小部分，小型的自媒體製作團隊，倒也可以獲得相當大的收益。

中國大陸對手機的依賴性，可以說是比台灣更深廣，手機幫中國大陸的網友作了許多事情。我們現在付費還是以信用卡為主，中國大陸卻已經邁向使用行動支付的商業模式。

從紀卜心現象反映的是整個世代的現象，不僅在於台灣，世界各地都有類似的情形。中國的「90 後」，可以說是網紅文化的起源與主宰，未來還能掀起何種浪潮，我們可以拭目以待。

自媒體何處尋？天羅地網，無所不在

自媒體從食衣住行各個方面影響我們的生活，在食衣方面，有很多電子商務的購物平台，以及利用社群網站而成的購物平台，讓我們直接從網路消費，例如淘寶網、臉書粉絲專頁；在住的方面，我們也可以透過網路出租或銷售房屋，例如 591 房屋交易網；在行的方面，我們更可以透過網路叫車，例如 Uber。這是以自媒體為基礎的交易平台，所呈現的意義，不只是一個電子商務而已，而是衝擊到原本存在的產業結構。

臉書粉絲專頁所帶來的產業衝擊

過去你要販賣東西，你必須租一個實體店面，或在街上擺設一個攤位，把產品陳列出來，讓消費者看得到、摸得到，才會有機會把產品賣出去；而且只有具備一定規模的公司，才有能力和財力行銷產品，甚至只有名牌商品才會有品牌故事，因為需要支付龐大的廣告費用給傳統媒體來宣傳它，增加產品的曝光度，取得消費者的認同。

自媒體時代的來臨，每一個人都可以輕鬆當老闆，只要你有一技之長，擅長做某樣東西，例如手工牛軋糖、手作蛋糕、手作餅乾、手作布丁等，你都可以在網路上不花一毛錢來行銷自己的商品，你可以透過社群網站成立粉絲專頁，先從親朋好友開始介紹，再傳到朋友的朋友，一傳十、十傳百地傳下去，收到訂單後再開始生產製作，再透過物流貨運送貨到府，節省店面租金、人事成本，更不需要囤貨展示。

如果能搭配一個溫馨的品牌故事，效果更好。把每個產品都衍生出一個品牌故事，在品牌故事的支撐下，更容易擄獲消費者的心，進而購買該商品，然後透過按讚、分享來推薦給更多消費者。感動人心的品牌故事往往與銷售量成正比，因為在這個物質豐盛的年代，商品供過於求，若能把商品轉化成一個個故事，講給消費者聽，讓消費者產生共鳴，訂單就會源源不絕地進來，自媒體讓產品行銷的門檻降低，每個人都可以在網路上行銷自己，行銷產品。

即使你做出來的商品沒有過人之處，但是只要能擄獲消費者的心，還是可以賣出去，在網路上行銷產品，除了產品本身的價值，還可以行銷產品以外的那份同情或感動。

淘寶網所帶來的產業衝擊

虛擬商店對實體店鋪的影響，我在前面就已經提過，但是現在要說的是對產業環境更具衝擊力的淘寶網現象。台灣的網路商店平台起步很早，例如 Yahoo、露天等等，拍賣網站的好處是可以讓消費者比價，抓住人心的無非就是價格問題，那麼成本低的貨源從哪裡來呢？如果是國際貿易的話，有時候會由跑單幫的單幫客帶進國內，後來漸漸有些網拍業者間接從淘寶網批貨運送過來，然後以更高的價格在台灣網站上架販售。

後來淘寶網開始經營台灣的市場，台灣的網友也可以直接在台灣刷信用卡下單，那麼台灣的網友要購買淘寶網的便宜商品，直接向淘寶網下單就可以了，不必再經過台灣網拍業者的剝削。以一個 100 元的淘寶網商品為例，原本在台灣網站可能賣到 800 元，但是直接向淘寶網下單，加上國際空運費用，也不會超過 200 元。

這樣對台灣的環境造成什麼影響呢？第一個是課稅問題。一方面這種小額貿易並不課稅，但是購買者眾多，淘寶網每年對台吸金 460 億台幣，交易規模占台灣地區三分之一。按營業稅 5%計算，就是 23 億元，占整體營業稅的 1.2%，這種稅額怎能不受到關注？但是淘寶網卻未在台灣註冊公司，只能任憑它在台灣攻城掠地。然而現在讓國家擔憂的問題是，台灣民眾可以直接購買中國大陸的便宜商品，造成國內產業內銷失衡，將造成基層產業的結構性崩解。換句話說，以自媒體為基礎的電子商務，已經突破了關稅的壁壘。

但大陸單單一個淘寶網就造成台灣產業內銷失衡，動搖基層產業結構，若是台灣本身沒有相對的因應對策，中國大陸的市場其實很輕易就會從實虛兩個途徑全面攻占台灣的各個產業，造成的影響，難以預測。

591 所帶來的產業衝擊

591 房屋交易網自 2007 年開站以來，改變了房屋買賣和出租的行為模式。過去，如果房東要出售或出租房屋，會透過不動產經紀人的管道。

為了增加房屋租賃曝光率，房東和不動產經紀人需要花錢在各大報紙登廣告，或在街上的電線桿貼廣告單，租客和買家則要親自到不動產經紀公司或街上尋找合適的房屋，既麻煩又費時。591 房屋交易網推出後，房東只需要把房屋照片上傳到網路平台，租客、買家只要在網路上找房，很快就能找到合適的房屋，為房東、不動產經紀人提供最快的房屋成交通道。

這對賣家是個福利，因為不用再透過房仲業者的仲介，甚至於有時候房仲業者為了拉高成交數量，反過來說服賣家壓低售價，畢竟房仲業者的獲利是來自於成交價的抽成，所以成交數量比成交價還重要；對於買家也是一個福利，因為房仲業者幫忙賣屋的時候，可能會隱藏不利資訊。現在不管是買家還是賣家，都可以直接在交易之前，先做充分討論了解，再來看屋，減少雙方的工作量，也增加對雙方的信任度。

Uber 所帶來的產業衝擊

Uber 其實就是民間所說的「黑車」。掛自用車牌的司機會兼職做計程車的生意，使用社群平台來叫車，私下做交易。現在台灣已經進入已開發國家，車子的普及率相當高，加上 GPS 衛星導航的成熟，使這種交易模式也愈來愈廣泛。

當這些地下交易形成了一個產業之後，第一個衝擊的就是交通部的稅收和規費的收入，自媒體賺錢不繳稅的例子很多，他們登記的是資訊服務業，但是做的卻是交通運輸業，當然成為政府所注意的對象；第二個就是壓縮到職業駕駛人的生活空間，職業駕駛人需要通過交通部設定的門檻，也依循政府規定的收費標準。

一般民眾當然希望找到更便宜、更便利的交通方式，所謂一個願打一個願挨。可是相對的，也失去國家保護人民的力量，規範職業駕駛人的法規就失去意義。但是我們把它拉到更廣的層面來看，這的確已經形成了一種新的經濟型態，那麼政府該如何因應這個時代的潮流呢？而且這樣的經濟形態其實早就已經廣泛存在各行各業，而且形成一種產業。

前面提到，自媒體的力量可以突破法律、政治、國家的界線，因應未來的時代潮流，政府準備好了沒有？那麼你，也準備好了沒有？

不容小覷的網紅新貴

- ☑ 網紅新貴——興起之路
- ☑ 成為 KOL，掌握網紅生存哲學
- ☑ 網紅新貴——煉金術

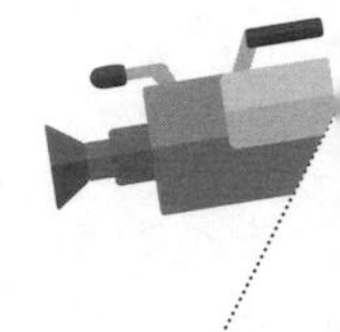

網紅新貴——興起之路

網紅經濟的新階級

我們常聽到的科技新貴，是形容科技業盛行、景氣發達背景下，收入可觀的從業人員們。這是由於產業發展而誕生的新階級，現在我們賦予「網紅新貴」這個名稱，來解讀網紅與商業結合這波新興浪潮下的無限商機。

我在前面篇章已經介紹過各種典型與非典型網紅，以及網紅是什麼樣的情況下爆紅等等，現在就放眼這些典型網紅進化網紅新貴，將關注度轉化成收入來源的各種套路。

「變現能力」這一個詞彙誕生於中國大陸，運用在網紅領域，就是指網紅如何將虛擬的人氣指數轉變成實質獲利的能力。相信對於想要成為網紅的人而言，除了真心喜歡展現自己的特色之外，成為收入途徑也是重要拉力之一，畢竟能從事一份名利雙收的工作是許多人夢寐以求的想望。

網紅新貴就如同科技新貴一般，也會因專長的不同有所區分，比如工程師會有 MIS 工程師、資料庫工程師等等，而網紅新貴也會因屬性而劃分出不同類型，接著就讓我們來看看其中幾種具代表性的路線。

女孩經濟

讓我們回到那個數位相機開始普及，Sony T 系列造成轟動、手機出現照相功能、無名小站開張的年代。台灣網紅發展就是從這個時期風起雲湧，說近不近，說遠其實也就這幾個年頭的事情。

在這樣的背景下，網路世界發生了劇烈的變化，部落格文章開始走向圖文並茂的分享文，留言功能讓發布者和瀏覽者之間互動更加密切。隨後各家部落格也陸續出現、搶攻市場，部落格當道的年代，誰人沒有經營一兩個部落格，但能從部落格用戶晉升專業部落客，就不是每個人都能辦到的了。

不論科技如何演變，自始至終不變的是女性市場一直是網紅經濟的核心，根據中國百度知道的數據統計，網紅的追蹤性別分布，女性粉絲比例大約占七成。而部落格最初流行的教學文大部分也都是針對女性族群的議題，像是美妝、穿搭等等，這也是各種網紅變現路線中，發展歷史最悠久，模式也最完整的部分。

以下我們就列舉了幾位歸屬於女性議題、大家耳熟能詳的台灣人氣部落客。

台灣人氣女性網紅列表

人物	特色	平台
花猴	一開始只是下班時間在網路上分享美妝心得，到如今部落格擁有破億的點閱人數，超高人氣的專職美妝部落客	部落格、臉書、Instagram
小安	從分享自己帶牙套的點滴，進而分享穿搭資訊，甚至開了自己的實體店面	部落格、Instagram
Chiao	以分享日本留學經驗開啟成為知名部落客的道路，留學經驗、美妝、家庭生活等話題，都能在她的網站裡找到文章	部落格、臉書、Instagram、Lookbook、Weibo、YouTube
西喜	從日本生活期間分享的彩妝文開啟寫作之路，主要以穿搭文打開知名度	部落格、臉書、Instagram

Grace	為網拍模特兒出身，累積超高人氣，而後轉戰社交平台	Facebook、Instagram、Weibo

美妝部落客網紅

在美妝部落客行列裡，小安可以說是其中網紅新貴的代表人物，能稱為網紅的人很多，但能將名氣換作實質收入卻屈指可數；走上網紅舞台後成為曇花一現的，更不計其數。而小安在這個無名小站走入歷史，新的網路平台不斷更新的年代，江山代有才人出的競爭環境下，她卻依然屹立在業界中，實有她的一套方法。

小安是知名部落客出身，從一開始分享自己帶牙套的點滴，進而分享穿搭資訊，由於展現個性美的風格，很快就在美妝部落客占有一席之地。

而後她開設了自己的實體店面，超高流量的部落格，儼然就是最棒的網路行銷，線上與線下兩者相輔相成，小安本人更是店面最好的活品牌。

網拍型網紅

除了部落客起家路線外，另一可歸納到女孩經濟的類型為網拍模特兒。網拍宣傳照片的拍攝，除了替商家帶來銷售量外，也為模特兒本身打開知名度，有些人進而開設自己的社群網站與粉絲交流，成為另一種型態的網紅路線。

這類型的網紅不同於美妝部落客需依賴詳盡編寫文章的模式，由於她們立基於一定的粉絲數量，因此只要像平常人一般分享她們的生活、心情等等，都會有不少迴響。

反面效應

隨著部落格的經營發展進入成熟期，反面效應也隨之浮現。許多知名部落格被廠商相中成為行銷管道，利用部落客的人氣替自家產品宣傳。另一方面，部落客從業餘轉變成職業性質後，當然需要營利，像是部落格瀏覽人次已破億的美妝部落客——花猴就曾因業配文的廣告費引發爭議；另外，Grace 陳泱瑾也曾因粉絲的負面反應，屢屢登上媒體版面。人紅是非多，這樣的負面消息在知名部落客中屢見不鮮。

網紅們發布的文字等同於販賣的商品，如同出版的書籍字字都需要經過編輯、校對等關卡。千萬不要認為單純的心情文，就不須經過審視即發表，要知道任何用字遣詞都可能左右粉絲的消長。

人氣可以是收入的來源，也能成為傷人的利器，網紅其實就是存在於網路的明星，甚至有許多網紅從網路走到現實生活中，轉型成為一般藝人。我們所見到螢光幕明星需要承受的成名代價，這也是想跨入網紅業的人，需要先深思的問題；而部落客要生存免不了需要商業合作，如何妥善處理與廠商的關係，也是成為網路紅人必修的課題。

 不只懂話更會畫

彎彎

粉絲群涵蓋最廣泛的就屬圖文部落客，舉凡男女老少都可以在圖文部落客名單內找尋到自己欣賞的對象。早期的圖文部落客之中，最具知名度的應該就是圖文天后彎彎，她可說是引領圖文網紅浪潮的第一人。

在彎彎之後，陸續都是屬於畫風比較可愛的部落客當道，像是四小折、輔大猴、海豚男等圖文作家登上舞台。

賴賴織織

不同於彎彎是以職場心情作為創作靈感，賴賴織織在部落格以圖文方式，與網友分享兩人戀愛的各種寫照，點閱率破億人次。賴賴以長篇文章的方式〈一萬兩千零八公里的私奔〉分享兩人的遠距離愛情故事，甚至還被業者相中，出資改編成微電影。

其後兩人以分進合擊的模式，出書、出貼圖、商業合作等變現方式，將累積的人氣成功轉換成收入來源，無論是一人出擊或是兩人合作都有亮眼的成績。

從這兩個案例來看，第一階段的圖文作家以出書為主流，並且開啟了台灣本土漫畫家另一條獲利道路。另一方面，以往都以國外知名 IP 來帶動銷售成績的商家，紛紛轉為與台灣圖文網紅配合。對商家而言，可以有更大的合作空間，畢竟其作品符合台灣文化，更貼近大眾的生活，能引起粉絲的共鳴，自然也更能開創銷售佳績。

Cherng 馬來貘

新一波的圖文作家潮流由馬來貘、Duncan、掰掰啾啾等人掀起，這時期結合新的社群工具——臉書，圖文的內容也轉變成有哏、帶有網路世代專屬的幽默。以社群軟體為作品發布工具，常需在一張圖畫中就捉住大眾的注意力，這時期的圖文網紅之風格更多樣，藉由社群軟體粉絲團的推波助瀾，擄獲更廣大的粉絲群。

馬來貘自 2011 年開設臉書粉絲團以來，創造出不同以往的圖文網紅境界。他以黑白顏色的方式，創作以馬來貘為主角的圖文內容，網路世代的幽默在他的創作中發揮得淋漓盡致。他不但與台北市立動物園合作，

2013 年與彎彎一同在 Line 中推出全台首次上線的付費貼圖，2015 年甚至加盟華研國際音樂，成為 S.H.E. 等人的師弟。從他的變現之路可以看到新一代的網紅變現更加多元，並且有形成演藝界新勢力的趨勢。

台灣圖文網紅的變現方式

人物	變現方式
彎彎	與超商合作、出書、出貼圖、拍電影
賴賴與織織	出書、出貼圖、商業合作
馬來貘	與各大企業合作、出貼圖、周邊商品

媽媽經濟

育兒類型的網紅有特定的粉絲族群，以新手爸媽為主，專生產嬰幼兒產品推薦文。由於現在市面上嬰幼兒產品非常多樣，平常沒有關注育兒資訊的新手爸媽，經常在選購商品時不知如何下手，這時就會選擇以 KOL 的意見作為購物依據，育兒類型的網紅正是在這樣的背景下誕生的。

高人氣育兒網紅——QQmei 即是一例，從部落格起家，通過分享育兒生活、相關用品心得逐漸累積知名度，進而轉型為職業部落客。此後，事業版圖還伸向其他媒體平台，包括出版書籍《QQmei 英倫育兒日記》，在親子雜誌、育兒平台等傳播平台上發布文章等方式。

育兒類型的網紅常出現的變現方式，除了分享資訊文進而成為職業部落客之外，也會與廠商合作以提供粉絲們合購推薦商品的合購服務來賺取酬勞。在網路社交平台興起後，媽媽社團更再次將合購模式推上另一個高峰。

另外，育兒平台也是打造育兒 KOL 的基地，像是「媽咪拜」深耕親子產業已有多年的時間，聚集了非常多的部落客長期在平台上分享資訊，聚集經濟之下具有一定的品牌效應。網紅媽媽以這個平台為立足點，在家透過拍影片或直播的方式，開闢不同的變現方式。

行動網路帶來的新視野

隨著行動網路普及化的時代來臨，如今的世界就是人人把電視機、書店等傳統行銷據點帶著走，因此要吸引民眾目光，需要有顛覆性的思維，不能再走傳統的行銷路數。我們以前面提及的圖文網紅為例，第一階段的網紅以部落格為工具，通過連環圖畫來表達一個概念，讀者也習慣這樣的發文模式。然而，由於臉書等社交軟體的出現，網路用戶的習慣發生變化，讀者愈來愈追求快速、瞬間的感官享受，對於冗長的資訊不願花時間瀏覽，因此新一代的圖文網紅必須以簡潔俐落，卻又不失風趣的表達方式，設法在短時間內吸引粉絲目光。

再譬如隨著網路快速發展，通訊軟體的圖案也從 msn 表情貼圖到如今的 Line 貼圖，期間不斷進化、推陳出新。甚至連Line貼圖也從靜態、動態，發展到有聲、全螢幕等不同樣貌，以迎合時下追求趣味、新鮮感的用戶。此時，能跟上腳步的網紅們自然也就能贏得粉絲注目，並且賺進大把鈔票。

網紅面對快速變化的外在環境，除了迎合求新求變的粉絲以外，是否還有其他祕訣呢？答案很簡單，就是建立「品牌化」，在之後的章節，我們會繼續探討這個主題，在這裡先舉一個例子供大家思考。

民以食為天，食記部落格的氾濫程度遠超出於美妝部落格的數量，但能闖出名聲的卻少之又少，其中柔藍食單部落格卻能成為食記界具公信力的指標，原因在於讓粉絲產生信任感。有別於傳統食記部落客大多採試吃合作文方式，容易讓粉絲對文章產生疑慮，他的商業運作模式選擇與各大旅遊網站合作，將廣告放置在網頁兩側，讓粉絲自行決定是否點選，讓「廣告歸廣告，食記歸食記」。透過寫出自己真心的感受，讓讀者對於其推薦的產品有信心。另外，他也推出美食地圖 APP，為粉絲提供更多元的服務。總總之下，讓觀眾對於柔藍食單這款品牌形成具體印象，走出屬於自己的道路，如此的經營方式相當值得後繼學習。

諸如合作文、業配文常是專職部落客不得不為的模式，這是有心專營部落格的網紅都要認知的現實。我建議，不如試著找到平衡點，像是學學丹妮婊姐直接開一個商業合作文專區，開誠布公面對粉絲，讓粉絲們自行決定是否接受商業合作取向的內容。

成為 KOL，掌握網紅生存哲學

網紅和明星產業相比，很多時候都是以粉絲為核心，但兩者又不盡相同，網紅更有潛力把觸角伸入市場的小巷中。隱性市場何其大，我們從網紅經濟中就可以窺知一二。

可惜的是，市場走向改變、消費者的行為改變，但廣告主的腦袋卻沒有跟著轉過來。他們認為一個「好的」廣告影片，必須製作精美，但卻沒有設想到，溫度與信任，才是消費者埋單與否的關鍵。網紅「代言」的產品之所以讓消費者願意埋單，就是因為他們的影響力涵蓋人格的溫度，而不是因為後製精美的剪接所致。

那我們再來談為何網紅有如此大的影響力，足以左右粉絲的荷包？關鍵在於網紅的身分被定位在 KOL。所謂的 KOL 代表 Key Opinion Leader，直譯就是關鍵意見領袖，用於商業行銷領域上。當網紅從單純展示內容的層面形成實質獲利的產業，KOL 這樣的概念正好可以來說明為何網紅能夠有效聚合粉絲，並且成功轉化實質收入的關鍵。群眾進行消費行為時，時常利用網路參考資訊，這時 KOL 的意見（也就是網紅們）便成為消費行為決定性的因素，例如時下年輕人常追隨美妝部落客的穿搭風格來購置衣裝等現象。

粉絲經濟

粉絲、飯、迷、Fans……，不管用哪個詞彙來稱呼，意思都是指那些喜愛、支持著某人事物的個人或族群。而這些人們驚人地建構起一片產業網，網紅產業也涵蓋在這廣大的粉絲經濟行列中。

據我觀察，無論世界各地的網紅商業化的方式如何多變，不變的核心都在於「粉絲」，粉絲就是籌碼、客戶等一切變現的關鍵。

網際網路不斷演進，從一開始的 BBS、聊天室，然後出現部落格、即時通、MSN，到如今何時何地都掌控著我們生活的臉書、Instagram、Line 等網路即時社交工具，隨著網路平台的進步、成熟發展與功能更加完備，粉絲數量也隨之攀升。各種部落客、臉書粉絲專頁追隨者、Line 好友等等，與平台的更迭交互成長，也讓粉絲的定義產生質變，不再僅是單純的追隨者，而是增加了互動性，互動性的增加，也帶動了傳播率及行銷空間。

近幾年網路時代幾乎呈現出「粉絲爆炸」的局勢，粉絲數量及其潛藏的消費實力，也促成銷售模式的轉變。到底粉絲的消費有多驚人？舉個韓流團體 Bigbang 成員 G-Dragon 販賣個人品牌商品的例子，G-Dragon 的品牌商品其中有一項是日常生活中常見的文具鐵夾，市價一個不到台幣 10 元，但在掛上 GD 的名稱後竟飆升到要價千元。這是由於網路的發展促成粉絲已不再僅是區域性的小眾，而是全球性的大數據！其聚集起來的消費力令人咋舌。從這個案例中也顯示，粉絲經濟已不單單是單純商品銷售，而是 IP 化後的商業模式，若能掌握住趨勢者，便能開創新的致富商機。

我們該如何定義所謂的「粉絲經濟」？在網路平台的架構下來說，「粉絲經濟」就是以部落格、社群粉絲團為中心，所形成的銷售圈。這樣的管道就如同蜘蛛網，因網路交流的串連下，一個一個粉絲就像細胞分裂一般，從一個到兩個，最後變成一大群，這樣的增長效率是相當可觀的。試想，當粉絲團 po 出一則訊息，立刻就能一傳十、十傳百，只要擁有夠多的粉絲，產生的影響力以及帶來的效益，絕對就像蝴蝶效應，可以徹底顛覆你的世界。

粉絲經濟的涵蓋範圍不僅止於部落格、社群粉絲團等網路社群空間，廣泛來看適於各種平台。此外，以往粉絲關注的對象多指明星、偶像和行業名人，但現在只要能夠讓粉絲感到認同，並藉此進行消費行為的商業內容都可以認定為粉絲經濟。

淘寶網紅店家的供應鏈就是粉絲經濟的案例。平常的淘寶店家銷售流程為「出新品——一般銷售——促銷折扣」。但網紅店鋪則是「挑選款式、粉絲互動、改款——新品、預售——一般銷售——促銷折扣。」在淘寶開店的網紅，每天要花大量精力在微博上與粉絲互動，進行口碑行銷。

建立顧客印象的重要性，如同匯太媒體總經理蔡惠惠所說「為什麼粉絲願意追隨，是因為他深信網紅或部落客會幫他做好把關，他是因為基於信任，才願意購買這項商品。」實利的收入非一時的，能夠持續性塑造好的品牌印象，才是決定成敗的關鍵。

「吸客」——網紅經濟成功的原因

注意力如果不能發揮影響力，進而產生變現力，即便有注意力也是枉然。而這群把握粉絲經濟、順應消費者行為的網路紅人，透過各大社群平台建立知名度、發揮自身影響力。最驚人的是，他們能快速將「收視率」化為立即的「轉單率」，這是傳統媒體行銷做不到的事。

尤其現在臉書的後台已經可以精準計算觸擊率與分享數，這些「注意力」數據都可以被有效轉化與評估，讓網紅經濟的獲利模式更加成形。我認為，網紅創造的不只是一個又一個的「經濟奇蹟」，更為傳統產業投下一枚震撼彈。

如同我前面提到的，「溫度與信任，才是消費者埋單與否的關鍵」，這就是網紅經濟能夠成功的原因。比起以往的市場經濟多了些感性因子，也讓單純的市場行為顯得更深廣且複雜，但也帶來超越以往的廣大商機。

3 網紅新貴——煉金術

先前我們大多談及台灣的網紅型態，但網紅發展邁入新紀元後，我們不得不關注中國的發展情勢。在這波新發展中，中國可以說是華文網紅圈裡的先驅，相較於世界上其他國家的網紅發展，中國走在自己的道路上。

我認為，接觸中國網紅圈不僅對於預測台灣未來發展趨勢有所參照，若有心前往中國市場發展，那更要先行了解中國網紅的發展脈絡，進而從中規劃自己的進擊之路。

中國網紅產業鏈的發展有多火熱，從股市就能體現，網紅經濟概念股的表現充分反映市場對網紅產業充滿信心。再從行銷的角度來看，中國的網紅「銷售期」正處於「成長期」邁入「成熟期」的階段，台灣市場則是蓄勢待發「導入期」，兩者身處不同階段，選擇的商業模式也不盡相同。但大致上再參照其他國家的模式，如美、日、韓等國的情形來看，還是可以歸納出網紅變現的主要模式出來。

廣告及電商，網紅變現的大戶

廣告品牌代言、內容業配、O2O 導購與企業贊助，都涵蓋在廣告的範疇。業配內容是現在台灣最常見的情況，演變出由網紅的人氣指數來開價的現象，只要有人氣，價碼由你開！有網紅開出的價碼是一個月只寫 4 篇廣告文，一篇 15 萬元，廣告價格的發球權，全掌握在網紅手上。同樣的情形也出現在中國大陸，廣告是網紅變現的主要來源，高達一半的收入都來自於廣告代言。

以中國大陸的情況來看，目前網紅變現的主要模式中，電商平台的比例占三成，和廣告代言並據了網紅變現來源的版圖；而在台灣方面以部落客、網拍模特兒出身的網紅為電商合作的起源。這兩類網紅差別在於，一個是網路社群中累積一定的人氣後轉戰電商平台，將粉絲角色轉換成顧客；一個則是利用網拍（電商）平台為媒介，再開創其他的變現道路，但無論如何電商都被視為網紅變現的一塊兵家必爭之地。

不必當范冰冰，也能有天后身價

中國的淘寶網紅店家當中最具知名度的就是張大

奕，台灣聽過這名字的人或許不多，但在中國她可是坐擁數百萬粉絲的女王。她的年收入甚至打敗台灣人耳孰能詳的天后范冰冰，據統計其年收高達 4,600 萬美元，是范冰冰 2,100 萬美元年收的兩倍之多。到底是什麼樣的條件讓她能夠達到如此成就？最重要的原因在於她的身分是網紅！

張大奕是平面雜誌模特兒出身，在多本時尚雜誌的服裝穿搭內頁中都可以找到她的身影。而後她轉戰拍攝淘寶網廣告，2014 年 5 月還開設了自己的淘寶服飾店——「吾歡喜的衣櫥」。每當店鋪上新品，當天成交額一定是全淘寶女裝類目的第一名，銷售速度之快，常常新品上架瞬間，就有數千件銷售量，而三天內就能全部銷售完畢。

當然不是每個人都能達到張大奕的等級，退而求其次，只要擁有固定的客源，其實也有一定的利潤回饋。甚至小兵也能立大功，不少規模小的網紅商家，也都順利地接收到來自外界投資機構的資金和合作機會。

網紅開立的商家在淘寶中已然形成一股勢力，網紅的品牌效應也確實反映在實質銷售量上，淘寶女裝的銷售排行榜中十家就有七家是網紅所開設的店。

另外，我也觀察到，網路科技的發展趨勢，讓誕生於這樣環境下的 90 後，成為網路消費的重要角色，他們的網路消費力比平均高 20％。而淘寶網紅商店大多靠這個年齡層的消費者帶動業績，這樣的傾向其實與台灣的紀卜心旋風性質雷同，只端看台灣的網紅們是否能掌握這股趨勢，趁勝追擊。

即時變現法

網紅 4.0 時代，透過各類社群與直播平台的傳播，以及便利的支付，讓網紅開始入侵電商、主播、遊戲、美食、時尚……等領域，各式各樣的網紅，強勢進入每一塊市場，直攻粉絲們的荷包。會引發如此風潮，其中直播的效果最具關鍵。

誠如世紀智庫管理顧問創辦人許景泰所言，現在正處於全民都可直播、平台選擇多而發展正盛行的時刻，最重要的是便利的支付方式，讓網紅經濟迎來了盛夏。

追求即時的網路世代已經到達「隨選、隨看、隨播」的階段。再更進一步來看，2015 年到 2016 年出現了「變現」模式，這段時間，大家最關心的不是怎麼經營內容，而是怎麼變現，畢竟經營的內容如果不能變現，何必經營那麼多的內容？

據許景泰的分析，變現模式得以成形，要歸功於支付的便利性，而支付的便利，會讓所有的消費行為變得更加立即而且衝動。在移動觀看直播的過程中，粉絲必須當下就決定要不要出手購買，沒有太多時間思考，完全憑當下反應，馬上決定是否下單，或是觀賞直播時，一個瞬間手指頭就按下打賞。

「網紅＋社群＋直播」這樣的模式，影響的不只是單一性產業鏈，而是整個產業網，其中公關產業來看，KPI 的計算方式將發生變化。就如同許景泰強調的「未來，新聞露出至幾大報已經不重要，就算全部報紙都刊登，也不見得會帶來銷售量。現在，隔天見報已經太慢，實體如果不能結合即時性，一切都是枉然。」

中國目前網紅經濟商業模式

目前網紅的變現模式不外乎上述幾項，中國大陸網紅的變現方式也大同小異，大致分為電商、直播、廣告代言、影視演藝、品牌化等獲利模式。

品牌定制發表會

品牌定制發表會的優勢在於低行銷成本、貼近大眾的用戶體驗、商品可以有靈活的展現方式。這種行銷方式其實在台灣也有同樣的模式在運行，透過網紅們的招待會，來展現品牌特色。

由於傳統的行銷方式，往往僅限廣告及代言人宣傳，不夠貼近一般人的生活，讓品牌商品無法深刻打動人心，缺乏商品與消費者之間的聯結性，也導致行銷的效益相當有限。品牌定制則可以借助網紅的草根性，讓消費者融入其中，商品設計師也可以藉由網紅的聯結，與用戶零距離接觸。

再者是「主播＋設計師＋模特兒」的直播模式，由設計師主導，模特兒展示商品，網紅擔任串場的角色，成功連結商品與消費者，讓商品宛如呈現在客戶面前。

未來 F2C 模式

傳統上的 C2C（Consumer to Consumer）銷售模式即消費者對消費者的交易型態，例如：網拍。而 B2C（Business to Consumer）則是商家對消費者的交易方式，像是 momo 購物。最新一波的 F2C 模式是工廠代工後直接對消費者，整個貨品流通的過程最短，讓消費者可以獲得低價產品。我認為，這種銷售模式將在電子商務上掀起新一波變革。

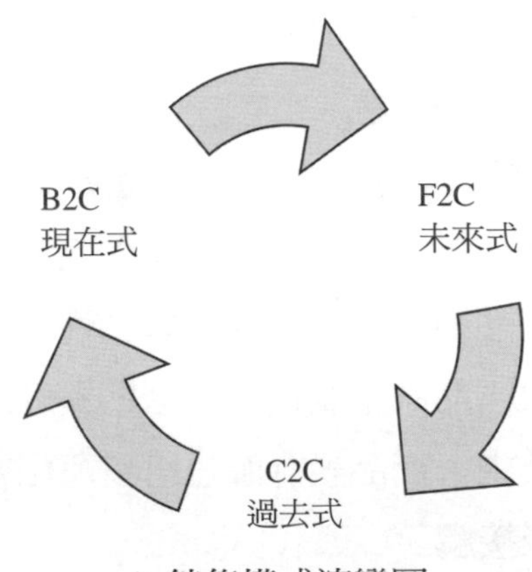

▶銷售模式演變圖

F2C 平台賣方是廠商，消費者直接與供貨廠商進行交易，對於商品的品質以及售後服務都可以提供最直接的保證，並且價格上比其他銷售模式來得有競爭力。這種新興的 F2C 電子商務模式也讓 B2C 電子商務面臨嚴峻考驗。

雖說無論是哪種銷售模式，網紅皆能有所發揮，但新型態的銷售模式代表著要提前備好電商平台所需要的服務。在此之間是否會有新的電商合作模式？抑或是可以將舊有電商合作模式帶入？這些都是網紅們需要密切觀察的問題。

 面臨的挑戰

有人認為網紅很快就會成為泡沫。從網紅的電商變現為例，電商雖然可以為網紅創造立即的銷售，但也可能出現大量退貨，形成假性業績。曾有網紅賣出去的商品出現高達 50%的退貨率，這就代表網紅推薦的商品不符合粉絲的期待，這不但對電商的銷售而言是一大問題，對網紅來說更是一大傷害。不僅粉絲對網紅的信任不在，網紅也無法把粉絲轉化成實質收入，還連帶著影響辛苦建立的品牌。這種情形其實層出不窮，不免讓人質疑究竟當一名網紅新貴是否真如我們看到的那麼理想，其潛在的問題為何？

變現管道的局限

從發展走在台灣前面的中國大陸網紅來看，誠如我們前面提到的，現在中國網紅最直接的變現來源主要來自直播粉絲的回饋，盈利模式受限，若後續無法推出新興的變現模式，市場很快就會面臨飽和。

而台灣現在也開始在走在直播變現、粉絲回饋的道路，相對於中國大陸來說，台灣的市場更小，那勢必更快面臨與中國同樣的問題。

目前來看，直播是創新的盈利模式，人人都喜歡新

鮮感，直播也確實有代表網路世代的特點，當然市場面對直播就表現出我們看到的榮景。但我認為，關鍵還是在於商業如何因為直播而進化，否則這片市場榮景最終還是會成為泡沫。

同樣，網紅們若是沒有專精化，換句話說，不朝向 KOL 的路線提升，終將也會成為路人。世紀智庫管理顧問創辦人許景泰也提到，群眾碎片化、分眾化、細分化，未來將成為主流，而這是不可避免的現象，畢竟手機本來就是非常個性化、個人化、專屬化的移動平台。

但總歸一句，當你的粉絲沒有消費，你認為的粉絲就不是粉絲，如何找出並深耕這群粉絲，正是每個網紅該思考的。

網紅新貴發展的風險管理

要把網紅當成職業來經營，要承擔的風險當然是比普通上班族要來得大，像是知名的圖文網紅——賴賴織織，兩人在潛伏期時，曾窮到身上只剩八百元，收入不穩定是網紅的一大考驗。但不代表闖出去後，就此一帆風順。

我們以 2016 年中國大陸最夯的網紅——Papi 醬，與最具代表性的知識型網紅——羅輯思維的分合來看，就能知曉網紅新貴這條道路，起起伏伏有如股市動盪。

2016 年 3 月，真格基金、羅輯思維、光源資本和星圖資本分別投資 500 萬人民幣、500 萬人民幣、100 萬人民幣和 100 萬人民幣給 Papi 醬，分別占股份別為 5％、5％、1％和 1％，而 Papi 醬的團隊持股 88％，Papi 醬獲得共計 1200 萬融資。

2016 年 4 月 21 日下午，Papi 醬進行廣告拍賣會，最後以高達人民幣 2,200 萬的出價結束。隨後 Papi 醬合夥人楊銘宣布，下一步將會開設一個開源平台並命名為 Papitube。

2016 年 7 月 11 日，Papi 醬在八個影音平台同時首次直播，累積獲得 1.13 億個讚。

在 Papi 醬拿到人民幣 1,200 萬元（約新台幣 6,000 萬元）的巨額融資，看似前途似錦的榮景，卻出現變卦。羅輯思維退出對 Papi 醬團隊的投資，有人分析原因在於 Papi 醬供應的內容品質，已經無法像一開始有強勁的爆發力，這讓求思求變的羅輯思維團隊選擇退出投資。

網紅的世界就是如此，你不可能永遠站在巔峰，當你沒有繼續前進時，成績很容易就急遽滑落了。

❶ 從傳統經紀公司開始將觸角延伸到網紅領域來看，所謂踏入演藝圈的定義已然被改寫。現在出道的管道不再局限於以往那幾種方式，現在不用走在路上被挖角，而是坐在家裡就已經出道！

❷ 除了群眾粉絲外，也要將廠商視為粉絲大戶，要 to C 更要 to B 才能開展更多變現管道。

新商機再起！無限IP紅利大方送

- ☑ IP，不只是智慧財產
- ☑ 內容即戰力
- ☑ IP化經營
- ☑ 網紅經濟 IP 化

1 IP，不只是智慧財產

什麼是 IP？

那些年你曾追求某個女孩嗎？或瘋狂陷入韓劇的魅力嗎？往前再推幾年，你是否曾與爸爸一起討論金庸武學？或是在咖啡廳跟媽媽享受瓊瑤式愛情？如果沒有，那你有沒有注意過文具上面的圖案是什麼？旅遊地點是不是曾在電影上出現過？想起來了嗎？若你曾經因此從口袋裡掏錢出來消費這些商品，那就表示你已經陷進這個「產業」的圈套裡，而「產業」指的是什麼呢？就是本章節要為大家介紹的 IP 產業！

IP 產業，不是電腦那個 IP 產業，這裡泛指為「智慧財產權」（Intellectual Property），只要是花腦力創造的成果都算，主要分為工業產權與版權兩類。原先，智財的主戰場是工業產品的專利大戰；這十幾年來，戰場擴展到了商機更大的文化大戰，產品包含各種領域：電影、電視、音樂、戲劇、動漫、遊戲等。IP 產業的名詞直譯雖然是智財權，但在台灣曾經給予更廣泛的中文定義，稱為「文創」（Cultural and Creative Industry）；但是文創包含的範圍更廣，「IP」是其中最能產生商機的一部分。

文創產業，20 年前由英國率先發展成產業型態。1997 年開始籌設這類型的產業，到了 2001 年，被選定的十三種創意產業中，就創造了一千多億英磅的產值，造就一百三十多萬的就業人口，前後花不到五年的時間。所以在 2008 年發生世界金融海嘯之後，世界各國經濟都面臨嚴峻的考驗，於是開始尋找隱藏商機，而文創產業就在這時躍上舞台，一方面進入門檻不高，一方面又可提高現有企業的經濟效益，也驅使各國政府紛紛制定文創政策。

在這十年來，「文創」一詞，可以說是變成了熱門用語，任何商品只要掛上「文創」之名，便會通往暢銷之路。然而很多把「文創」一詞掛在嘴邊的人，只知其名，不知其義，2016 年底，新北市開創了一個「文創夜市」，販賣商品非常普通，不外乎一般國民小吃、趣味遊戲，引起一番爭議。

台灣所規範的文創產業範疇包含：視覺藝術、音樂及表演藝術、文化資產應用及展演設施、工藝、電影、廣播電視、出版、廣告、產品設計、視覺傳達設計、設計品牌時尚、建築設計、數位內容、創意生活、流行音樂及文化內容。

在文創產業中，「IP」可說是最有價值的東西。經常被討論的 IP 一詞，係指那些廣為人知、蘊藏巨大商機的文學藝術作品，包含文字出版品、動漫、音樂、影視、遊戲等原創內容的知識產權，透過產業整合機制，加以出色的商業包裝，火紅到能產生周邊商機的時候，就可以被稱為是 IP。以不同故事的 IP 為核心，可以向外延伸多種 IP 衍生商品，在其他領域進行改編、創作。

IP 的創作不拘任何形式，目前當紅的 IP 只是文創範圍的一小部分，把產業價值集中在文字出版品、動漫、音樂、影視、遊戲，與一般文創內容不同的地方，是在於它比較具有資本密集（Capital Intensive）和技術密集（Technology-Intensive Industry）的特性。所以 IP 在整合的背景下，必須以長期生命力和商業價值，然後作跨媒介的經營。例如《那些年我們追的女孩》不再只是小說，而是被拍成電影；《Kano》不再只是電影，而是被改寫成小說；《金庸武俠》除了被改拍成電視劇和電影，又進化變成手機遊戲。

不過大家認知中的 IP，其實大多數是產品，最多只能算是品牌，但其定義不該是如此狹隘；IP 除了把創作轉化成品牌，還要衍生出廣泛的商業價值。

文創和 IP 比較表

	文創	IP
產業內容	視覺、音樂、表演藝術、文化設施、工藝、電影、廣播、電視、出版、廣告、產品設計、視覺傳達、品牌時尚、建築設計、數位內容、創意生活	以其中一部分為基礎，可做長遠延伸
產業型態	帶動周邊產業，不拘文創	資本密集、技術密集
變現性	長期	短中期

IP 的發展過程

IP 產業發展的歷史，其實很早就開始了，全世界的 IP 產業中，最有名和發展最成功的例子，就是好萊塢。以往美國動輒對台灣祭出 301 條款，脅迫台灣把智慧財產權盜版列入《刑法》規範，其實不僅僅是道德問題而已，而是背後隱藏著龐大的商業利益。1990 年代，IP 產業的概念從美國動漫產業開始，華納公司旗下 DC 漫畫出版公司，將《超人》和《蝙蝠俠》系列，做垂直的整合行銷，製作成電影。

這些漫畫已經先前一步開拓市場，到了電影發行，廣告宣傳起來，毫不費吹灰之力。在 2000 年以後，漫威漫畫工作室授權 Fox 製作《X-men》、授權 Sony 製作《蜘蛛人》大獲成功。2006 年，推出《鋼鐵人》大獲成功後，此後，電影界大量改編漫畫作品，直到現在。而日本，也把他們最引以自豪的動漫產業，從動漫王國衍生發展成電視、電影和各種商品，其中，第一名當屬「哆啦 A 夢」。

在 1998 年金融海嘯，韓國破產，但短短時間內，便藉由韓劇挽救了經濟，也讓世界各地吹起韓風。2002 年，台灣把文創產業列為重點產業，這十幾年陸續推出一些成功的偶像劇，接著帶動一陣電影熱潮，但是似乎看不見整體的戰略格局。由於自媒體的興起，2014 年從中國大陸開始形成 IP 產業，到了 2015 年，則被稱為 IP 產業元年。相較於美國改編漫畫，中國大陸的電視電影則改編自小說。在台灣，九把刀《那些年，我們追的女孩》在 2011 年大獲成功，可惜的是不見後續的產業壯大，反而是帶動中國大陸的改編小說商機。在中國大陸市場，從 2014 年開始有人談論 IP，2015 年爆紅成為顯學，以小說 IP 為中心，改編成電影和電視劇，2014 年有 20 部左右，2015 年達到 40 多部，到 2016 年，達到三位數。其帶動的周邊商品，不計其數。

IP 發展的四個層次

從一個 IP 發展創成的內涵，可以分成四個層次，這整個過程，我們稱之為「IP 引擎」。不是任何一個雋永的內容，就可以成為一個 IP 引擎，開發這個 IP 引擎必須具有商業價值，所追求的利益，需要在短時間內變現，而不像一般偉大的文學作品，可以將回饋時效拉長到幾十年後。

IP 引擎的第一個層次要能打動觀眾，把觀眾最直覺的印象呈現出來，表現出最主要的流行元素。好比創作一首流行歌曲的時候，大多不會把這首歌的整個結構嚴謹地創作出來，而是把一兩句讓觀眾朗朗上口的樂句寫好，然後再慢慢地發展出後面的樂曲結構，這一層我們稱之為「表象層」。

第二層從表象層更深入發展，需要把整個故事結構做好，我們稱為「結構層」。到了這個結構層，就要把將來的商業行為、衍生架構，全部設計進去。例如所有的置入性行銷或是將來要衍生出動漫或是手遊產品。好萊塢曾經分析過人類歷史上的經典故事，歸納為十個「故事引擎」（Story Engine），包含：英雄、伴侶等等，若引申到電玩，可稱為「遊戲引擎」（Game Engine），表象層元素可以由這十種故事引擎可以發展出任何故事。

第三層就要把這個故事結構和普羅大眾作連結，稱為「大眾層」。例如大眾對於流行事物所關心的議題，愛情、親情、八卦等，或是連結應景的新聞、運動、政治等。從故事中跟大眾關心的話題作互動、連結。這些大眾元素是跨越時空和文化的，好萊塢的 IP 能夠風行全世界，就是掌握了全世界大眾的共通性，讓這些劇情能夠在不同的國家文化裡，反映到該地域的細節。很多好的國片在國內引領一股風潮，卻不能推廣到全世界，就是缺乏了這些連結。

第四層表達的是價值觀，也是整個 IP 最核心的元素，稱為「核心層」。儘管所有的 IP 產品都打動所有大眾的心弦，但是其中的人物、場景、故事等，在不同的 IP 作品裡，都是可被取代的，唯有回歸人性的價值觀，才能跨越文化、政治、人種、時空，讓大眾能夠去反覆咀嚼、品嚐、沉澱、思考，使它具有生命意義。我在前面說的產品，必須要能夠短期變現，但是將來要衍生出下一個 IP 產品，卻必須從核心價值來衍生，甚至有許多偶發爆紅的 IP 產品，有了好的價值觀，也能成為不朽的鉅作。

如何成為成功的 IP

一個 IP 產業的形成，必須具備優質的內容、良好的運營和嚴謹的管理；尤其跨媒介內容的生命力和商業價值，是非常可觀的。

IP 創作非常重要，一個好的內容，觸發人心的感動，可使人人皆不遠千里而前來朝聖。清華大學彭明輝教授說過，他的志願是寫本小說，因為小說是一個思想意念的完整表達，就有一部小說因啟迪人心，進而啟發了俄國國大革命。一開始 IP 產業藉由漫畫而引發一連串的 IP 熱潮，而漫畫就是小說的一種，是圖畫形式的小說。為什麼當今很多 IP 產業通常是由一本小說引起呢？因為小說可以完整表達一個意念、建立完整結構、啟發眾人內心深處。從商業角度來看，從小說的完整結構裡，可以設計、發展出一系列的周邊商品。

迪士尼是眾所皆知的 IP 產業代表，具有簡單卻嚴謹的結構，利用世界各國的童話故事，來發展出自己的產品王國，然後征服全世界；金庸武俠小說在這幾十年走進華人的內心世界，也開發出完整的 IP 產品鏈。然而在漢字文化圈中，《三國演義》這部章回小說，是最偉大的 IP 之一，作者羅貫中用一生的智慧以及志業來寫成。

《三國演義》這個老牌 IP，幾乎包羅古今中外所有的 IP 產業型態，不僅創造數不清的產值，造就許多就業機會，也連結到各種產業，到現在還是在持續發展，光是有關《三國演義》的電影，這十幾年來就拍了好幾部，人類九種藝術表現的形式，也都包含在裡面。一開始在天橋下說書（相聲、脫口秀、廣播劇），感動無數聽眾；接著演變成各種戲曲（舞台劇、歌劇），也衍生出各種文學作品。

到了現代，重複不斷出現電視劇、電影、動漫、玩具等（衍生商品）；日本人也跟著瘋狂，也搶著發明各種謀略性和格鬥性的電玩和手遊。《三國演義》甚至於啟發了「厚黑學」這派學說，以《三國演義》和《厚黑學》為根基，又跟進各式各樣的著作，例如：公司管理、商場戰略，就像電影續集一般，欲罷不能。

而且《三國演義》也塑造出不少明星，例如：諸葛亮、曹操、趙子龍等，如同 IP 中的偶像，甚至於關公成為民間宗教信仰。從這部偉大的 IP 來看，每個偶像都有很強的辨識度，羽扇綸巾是孔明，允文允武是周瑜，只要一出場，便知是誰。每個章節雖獨立，卻又互相連接，很容易衍生出劇外情節。它打動每個人內心深處，陌生人只要一談三國，便能引起話題。最重要的是沉澱了歷史的價值，深遠內涵影響華人數千年，無怪乎永遠不墜。所以好的文學和藝術，其影響比物質商品還深遠，因為它是周遭的事情沉澱之後，萃取出來的結晶，進而昇華生出哲學內涵。

IP 的創作不拘任何形式，它存在於人們周遭，可以引人聯想、引發討論、引起共鳴。最重要的是，它能無限延伸，包含各領域的延伸和未來的發展。延伸性非常重要，然而創造明星乃是 IP 的靈魂，無論是 IP 中的主角或者是創作者，都是明星，例如李連杰等於黃飛鴻，創造一系列的功夫電影；甚至於李安、魏德聖不花錢塑造明星，自己卻成為電影幕後的明星。

IP 創作固然重要，然而 IP 運營更加重要，就像相聲所說的「三分逗，七分捧」。試想：把哆啦 A 夢放在漫畫裡面比較賺錢，還是授權化身到電視、文具比較賺錢？哪種更能引發共鳴？創作與運營絕對是相輔相成，把 IP 作人格化，內容讓消費者把自己置身於 IP 情境當中。如此，粉絲便源源不絕的流入。有了流量後，資訊的傳達更為重要，要把新的資訊散播出去。而且運營者也要把 IP 當成一個偶像藝人來捧紅，不斷為它創造舞台，讓它嘗試各種演出。由於IP是個虛擬的藝人，所以非常容易去變換舞台。舞台上可以捧紅偶像，但是沒有偶像的舞台，不但不具有舞台魅力，而且也沒辦法藉由這個偶像去創造另一個舞台。

IP產業是個觸角廣、分工清楚的團隊，日本非常重視IP的運營策略，每年都有鉅細靡遺的產業報告，針對不同角色的IP作市值調查，也針對各種不同族群作細分，了解並且預測需求。如此一來，IP業者才能確認角色的定位，創造正確的東西給需要的人。

跨媒介可以為IP產業的連結，發揮相當大的作用，電玩、公仔、小說、唱片各處不同領域，可以開發出各種不同的族群。創作者在一開始，就可以分析這些領域，研究要如何與消費者做結合。開發不同領域時，又可創新出不同的舞台。例如有人把「遊戲設計」稱為第九藝術，它被視為另一種藝術形式的表達，足以去吸引新的目光，帶動潛在的商機。IP產業強調一體多用，掌握內容的本質，跨界延伸到任何想得到領域，千萬不要局限在傳統產業，分門別類的思維裡。

一個成功的運營必須兼顧系列、多元、平台。前兩者是前面提到的延伸性，後者則是與消費者互動，網路世代早已改變人際關係與消費行為。

IP 的管理很重要，為智慧財產申請商標權或專利來保護自己的資產，但是也要預防競爭對手鑽漏洞抄襲。不過，「抄襲」也是創意的來源之一，一個工程師往往會先去研讀對方的專利，先學習，後破解。所以申請專利的範圍，最好是做到對方無法抄襲、無法破解。由於是跨媒介領域，合作廠商必須要慎選，風格和路線必須要一致，才能夠產生緊密的連結。

一個好的 IP 產業必須從消費者這端來了解需求，有了平台之後，可以與消費者互動，一邊創作，一邊觀察消費者的反應，作滾動式的創作，甚至於衍生其他商品，延伸無窮的創意。

或許只是來自個人的創意，但用在 IP 產業上，卻必須透過一個龐大的機制，融合設計、生產和行銷。機制核心在於消費者、票房、生命力（縱向延伸）、多元化（橫向延伸），在設計產品的時候，必須時時刻刻檢討這些核心元素。掌握核心價值，發揮團隊機制，創造大眾需要，加起來就是一個成功的 IP。

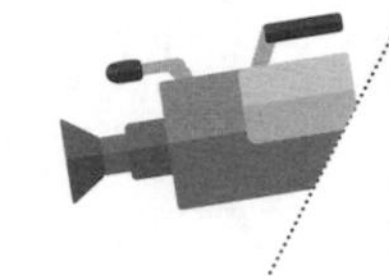

2 內容即戰力

解讀內容經濟

前面章節介紹了自媒體，也談到了自媒體的特性，自媒體平台能讓所有網友跟媒體平台之間、網友與網友之間，都可以互動。其中大量內容、多元化內容、微內容、集體創作的概念，形成了另外一種經濟型態概念，稱為內容經濟（Content Economy）。內容經濟體系之中，使用者能夠藉由網路，在網路媒體平台之間作數位內容的生產、發布、分享、交換及利用。這些內容很容易變現，是具有經濟價值的，媒體平台不但能夠把這些內容，以各種方式變現，甚至於賣給網友，而網友也可以貢獻內容，從網路平台上獲得利益。

數位內容的優點是容易大量複製、修改、利用，這不是實體商務和服務所能相比的；而且內容經濟是跨越國界的市場，任何網友都可以共享和使用數位內容。所以網路平台上的數位內容能夠很快地充實，這種速度、深度、廣度，都不是傳統媒體所能抗衡的。由於數位內容的生產成本大都非常低，使新公司和個人能夠進入這個市場，與大型媒體作競爭。這也意味著傳統的經濟原理和商業模式不能完全適用於內容經濟，最終整個經濟社會必須改變其思維和行為模式。

不管是什麼媒體，報刊雜誌也好，電影電視也好，它們隨著科技的進步，會改變產出的形式，例如報紙從印刷漸漸過渡到網路，電視由攝影棚走向 SNG，甚至也開始在網路上播放。但是不管形式再怎麼改變，內容始終是這些媒體的核心，所有的製作、發行、廣告、生產、銷售，都是圍繞著這些內容核心。

從 2014 到 2016 年，網紅和 IP 產業持續成長，乃至於大爆發之後，也意味著內容經濟時代已經開始了。無數網友創作鉅量的內容，這些網友有全職的、兼職的，多不勝數。現在只要透過網路，就能登上媒體平台，完全展現出「內容」強大的經濟總值。

而這種新的經濟模式，仍在摸索階段，今天摸索出的模式，可能在明天就不適用了。在內容經濟裡面，有內容的地方就是王道，但是在裡面也可能隱藏未知的問題。

美國第一位獲得諾貝爾經濟獎的經濟學家薩繆森

（Paul A. Samuelson）提出「文化經濟學」（Cultural Economy），他指出人類的本性可能是相同的，但它往往受不同文化影響，而有所差異。全世界各地的經濟市場都與當地的歷史、社會結構、心理、宗教和政治等在地獨特性相互呼應，這些文化因素也影響著人們工作、消費、投資、儲蓄等經濟行為。從這個觀點來看，經濟和文化所圍繞的核心，就是「內容經濟」。

內容經濟的經營模式不外乎是：吸收會員粉絲、提高流量、招來廣告、撰寫業配文、授權、對內容使用者收費。內容要注意的方向：⑴針對 20 到 30 歲年齡層的用戶下手，因為新的消費行為最好還是從新興的消費族群來著手。⑵內容必須要具有獨特性、自己的風格。物以稀為貴，原創性尤其重要，這樣才能從百家爭鳴的戰局中，脫穎而出。⑶內容必須要能夠引起共鳴、互動。⑷內容應該要有延伸性，讓用戶能夠在著迷之後，一路追下去。⑸內容必須要有組織、有計劃，用多種表現方式來呈現相同的內容，這樣才能增加變現的方式。⑹內容必須要有深度、廣度，才能有價值，讓內容經濟能維持下去。

從這幾年的網紅例子來看，或許他們是經由意外而爆紅起來，可是否能夠繼續維持下去，得端看他們後續所發展的內容，不能像一開始那樣，只著重表象，甚至需要建立一群團隊，維持這些優質的內容。

知識經濟時代來臨

知識經濟（Knowledge-Based Economy，KBE）一詞，在 1996 年由經濟合作暨發展組織（Organization for Economic Co-operation and Development, OECD）所發表的《知識經濟報告》（Knowledge-Based Economy Report）中提出，也稱為「新經濟」，用新技術，加上人才為動力，推動經濟。以知識資本為主要生產元素，善用資訊科技力量，透過持續創新能力，以提升產品附加價值。知識經濟並不是一個嚴格的經濟學概念，它與新經濟增長理論有關。知識累積成為經濟增長的一個內在獨立因素，認為知識可以提高投資效益。

全球性的知識經濟

各國也早已準備進入知識經濟時代，美國於 1997 年的《全球電子商務推動架構》、英國於 1998 年的《1998 年競爭力白皮書》、韓國於 1999 年的《二十一世紀韓國網路發展計畫》，台灣也在 2000 年發表《知識經濟發展方案》。未來將更加倚重自己的知識，以知識經濟取代工業經濟，成為時代的主流。什麼是發展知識經濟的重要條件？根據美國商務部在 2000 年指出，資訊科技（Information Technology, IT）的不斷創新，為美國新經濟的主要動力。OECD 也指出人力資本（Human Capital）累積和技術創新，為生產力不斷提升的關鍵因素。在當今，什麼是發展知識經濟的重要條件？就是把資訊通訊科技（Information and Communication Technology, ICT）和人力資本做好。

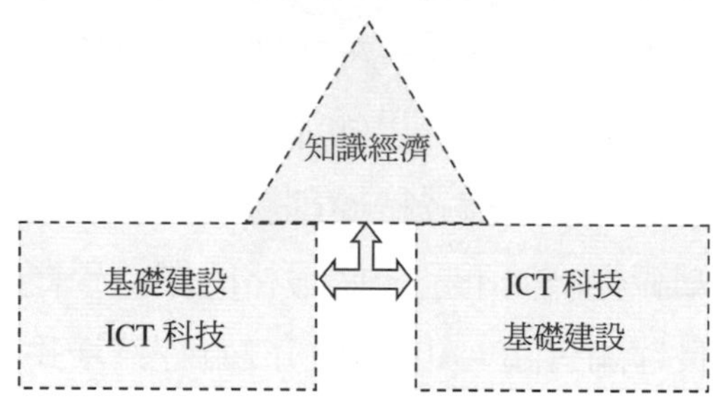

▶知識經濟結構圖

根據 OECD 定義知識經濟指的是「直接以知識與資訊的生產、分配和使用為基礎的經濟」。所以，若要對知識與資訊進行生產、分配和使用，必須有「知識平台」，而這個知識平台就是「人」；另外，我們要對知識與資訊進行「生產、分配和使用」，則必須利用「交換平台」，這個交換平台即是資訊與通訊科技。

台灣的知識經濟發展

從台灣的知識經濟發展指標來看，在亞洲僅次於香港，但是在知識經濟發展的表現上，遠不如香港、日本、新加坡、南韓等國家，主要原因是台灣的知識經濟政策起步比較晚，而且台灣的產業偏向製造業，不像香港和新加坡，以貿易、服務業為主。

長期以來，台灣一直在填鴨式傳統教育思維裡面，教改之後，教學方式依舊不變，所以，「學校教育教不出創意」這個議題，經常被拿出來討論。然而在整體教育環節裡面，不能只看學校教育，其實畢業後的產業教育也是很重要的一環，面對現實的產業環境，不管學校教育學的再怎麼靈活或死板，也都有可能被埋沒在產業思維當中。

台灣從經濟起飛以後，中小企業成為台灣的主要經濟命脈，中小企業主的觀念經常是一步一腳印，扎扎實實地打拼上來；但從另外一個角度來想，如果還從老思維去計算成本，那就注定直接被世界潮流淘汰。所以在檢討整個知識經濟產業，不可單單只指責學校教育，而是要把員工教育納入整個人才培養的重要環節，公司制度也應該從知識經濟創意方面來思考、改變。

台灣的研發，經常會因為產品在工廠的量產性而被限縮，經常這個不能做那個不能做，喪失了很多嘗試的機會。未來的世界愈變愈快，絕對不可以從舊有的思維來思考事情。

在資訊與通訊科技的媒體平台方面，現在已經有愈來愈多的業者來爭奪這塊大餅，包含國內外的有線電視和電信業者。藉由商業的自由競爭，可以活絡整個網路的發展，在硬體技術平台的更新上，台灣也從 2G 經 3G 到 4G，但是在軟體服務平台上，似乎難以抵擋全世界的攻勢，原來有的網路平台紛紛被外國購併。但每當歷經改朝換代，就又是一個發展的機會。台灣業者應該跟上世界的腳步，提早掌握世界的潮流趨勢。

數位落差（Digital Divide）指的是研究社會上各種不同族群，在包含性別、種族、經濟、環境、階級、背景等差異之下，對他們接近和使用數位產品的機會與能力，所造成的差異。我們常講的城鄉差距，來自於實際物質供需，但是數位落差無形間把人們的能力差距拉大，但這也是翻轉社會結構的契機。一方面，數位科技改善群眾的生活，使之獲得質變；但是未能享用數位科技的人，還是依循舊有的方式去工作，無法藉由數位科技改善生活型態，這將使社會的兩極化更趨激烈，財富分配更為懸殊。

歷史上發生過幾次工業革命，但許多國家在工業革命中各行其道，獲得宰制世界的機會。第一次工業革命的主角是蒸汽機，利用水力及蒸汽為動力，突破了以往人力與獸力的限制。第二次工業革命使用電力，實現讓機器生產機器。第三次工業革命的主角是電腦。目前，第四次工業革命已經悄然在進行，電腦化、數位化和智慧化是「工業 4.0」的平台。

在未來，誰能夠利用數位科技掌握知識經濟，誰便是世界的主宰。

跨媒介的內容經濟

1 ＋ 1 大於 2 的跨媒介

內容經濟可以藉由跨媒介來作創新與擴展。跨媒體製作，在美國稱為媒體連鎖（media franchise），把角色拓廣至其他媒體。或稱跨媒體連鎖（transmedia franchise），把智慧財產權擴展到兩種以上的媒介。在日本稱為媒體混合（media mix），把具有一定經濟規模的產品，製作出適合其他媒體所能放送的副產品。整合到 IP 的意義，是把 IP 產品透過不同傳播媒介，提升廣告效應，增加經濟規模。

▶兩種商業模式結合，可以成為三種商業模式

這幾年出現一個新的產業概念叫做「物聯網」（Internet of Thing, IOT），藉由網路平台，透過網際網路和無線電信網，讓所有在網路上的獨立功能裝置，可以作互相聯繫，連結到各種不同的裝置。物聯網已經成為電信運營商的必爭之地。假設一個手機能夠連結到一千到五千個裝置，那麼物聯網的平台就必須準備可以連五百兆到一千兆個裝置。這就令人好奇了，為何一個手機可以連到一千個裝置？之前我們在討論的自媒體平台，包含了電視、電影、手機等等，然而這不過是手機所連結的一部分裝置而已；其實手機會連結到 GPS 衛星定位等等，在業者眼中，多連結一個裝置，就是多連結了一種商機。經營這種互聯網的連結，商機絕對可以發揮一加一大於二的效果。

因為原本各不相同的媒介，有它自己的商業規模，業者把這兩種不同的媒介結合在一起，不但需要保留原先擁有的商業規模，而且結合之後，又必須可以形成一種新的商業模式。

換句話說，跨媒介結合之後，至少要擁有三種商業模式。那麼一加一等於三嗎？其實這是保守的算法。因為一種新型的創新的商業模式，它的規模往往會比原先的任一種商業模式還要大。根據這種計算方法，本書大膽推算一加一等於三，因為會存在有三種商業模式。那麼一加一又加一等於四嗎？其實不見得，因為其中任兩個「一」互相連結，會形成另外個「一」。

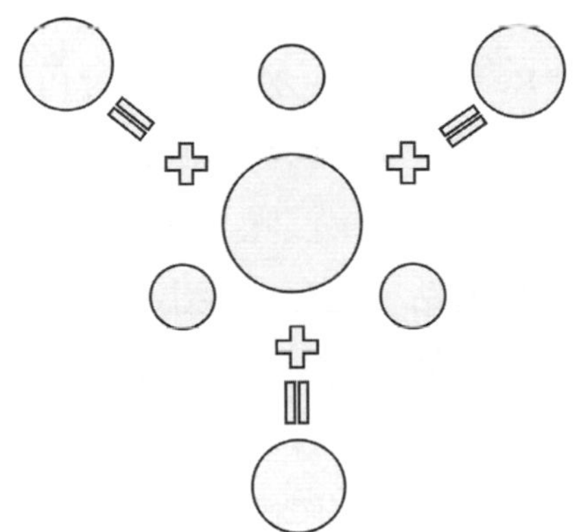

▶三種商業模式結合，可以成為七種商業模式

所有的「一」互相連結之後，也形成另個「一」，那麼就會產生四種新的商業模式，也就是總共會存在七個商業規模。而新產生的四個商業規模，會遠大於其他三個。所以這種跨媒介的商業模式，有點像是老鼠繁

殖，兩隻老鼠生出四隻老鼠，四隻老鼠又生一窩老鼠，這就要看業者如何去開創及整合這些商業模式，利用任何形式的內容把商業價值極大化。

Pokémon GO 的成功

2016 年任天堂公司推出了精靈寶可夢（Pokémon GO）的手機遊戲，我認為這是個很好的跨媒介例子。在這個手機遊戲之前，寶可夢的動漫、電玩早在上世紀末退流行了。任天堂結合衛星定位 GPS 與擴增實境（Augmented Reality, AR）發表精靈寶可夢手機遊戲。遊戲以手機為中心，在世界各地撒下各種不同的寶可夢，寶可夢什麼時候會出沒呢？它是不拘任何時間、地點，可能是半夜兩點，也有可能出現在高速公路上，遊戲玩家更不時地盯著自己的手機，看什麼時候可以捕捉到寶可夢，然後立刻在自媒體上面展示。由於愈來愈多的負面報導，例如捕捉怪獸闖入禁區或是發生車禍，透過電視媒體的強力放送，非但沒有澆息這股熱潮，相反地更大大推廣了這個遊戲的知名度，引來更多玩家的追逐。

寶可夢動漫找到了新媒介，又開拓了新的商機，再創商業價值的高峰；而寶可夢也與遊樂園互相合作，結合出另一種新商機。這種動漫原本就已經存在人們心中，所以行銷起來毫不費任何吹灰之力，然後又透過 GPS 這種高科技的產物提供新的玩法，遊戲玩家可以一邊玩遊戲，然後又兼具打卡的功能。而有人為了寶可夢，去買一堆行動電源，甚至拿機車電瓶來充電。林林總總開發了各種領域的商機，也難怪引起了如此大的轟動。

跨媒介製作的優點固然很多，但是也存在一些問題：⑴成本增加，因為舊的領域分別有不同的製作成本，跨領域之後，不同媒介之間的溝通介面，需要更高的技術以及產生新的成本，例如光一個網路協定就可以整合了好幾年，所以成本問題不可忽視。⑵同樣一種 IP，因不同的媒介，而有不一樣的玩法。在整合之後，必須要符合各種媒介的遊戲規則，甚至於會背離原著的精神，需要更高的層次來解決。⑶每家公司的背景不同，所能出的資金、技術都不同，建立這個平台，有許多需要去整合的，整合這件事情並不容易。⑷智慧財產權的分配問題，對於不同的公司，要如何協調這個虛擬的商品？畢竟智慧財產權是整個 IP 產業的最核心。

跨領域的商業結合，本來就是商人經常使用的方式，置入性行銷就是依循這種商業模式。而今天作跨媒介結合的範圍其實比跨領域還大，幾乎所有的商品都需要媒介來宣傳，我們就把這種媒介裡面的各種不同商品拿來做激盪，看它們會擦出什麼樣的火花？

台灣的文創產業與 IP 產業的連結

台灣一向是文創內容的寶庫，台灣具有歷史文化與地理的優勢。台灣是海島國家，東亞的交通樞紐，各國文化在台灣做薈萃交流，呈現多元文化的發展。可惜台灣雖然是海島國家，但是對外來文化的接受度並不是很高，吸收速度也很緩慢，「缺乏世界觀」便成為近年來經常被討論的議題；以及長期以來，產業走向代工等因素，讓台灣的文創行銷始終是曇花一現，而缺乏後續的發展，沒辦法把餅做大。以華語流行歌曲為例，在華語流行音樂市場執牛耳的台灣，一開始是因優質的文化傳承，才造就此地位。

1970 年開始，瓊瑤式愛情電影的原創音樂和校園民歌時期孕育出的音樂人才，主導了整個音樂市場。但是隨著兩岸開放，華語流行音樂市場發展的火紅程度，引起外國 IP 公司開始覬覦「華語歌曲」這塊大餅，便逐一購併了台灣主要的唱片公司。

近年來，周杰倫、蔡依林、五月天等發展出各種個人 IP，才漸漸開拓出整個產業鏈。但可惜的是，此產業鏈主要在國外發展，產生的經濟效應大部分都是在國外，例如現在的跨年演唱會中，已不復見大牌歌手，因為他們都「錢」進中國大陸了。再以電影為例，以前不管再怎麼不景氣，每年都還是會在一些台灣電影作品，在國際影展上大放異彩。然而每當國片有了一絲轉機，卻還是無法將效應延續下去。

IP 化的三要素

要把作品進化到 IP，不能只有創意而已，一個文創產業的形成，必定要有三個要素：內容提供者、內容連結者、資本家。目前台灣的文創業者，單打獨鬥還是占大多數，他們都有創業精神、創意、品牌理念，但缺乏了跨產業的連結。當今的情形就像當年製造業發展初期，中小企業林立，每個小單位都具備實力和衝勁，但卻無法融合運用，成為巨大的能量。這當中的問題，一方面是欠缺連結的催化劑，一方面是沒有資金。

內容提供者是產業的核心，但一直以來，卻發揮不出最大的能量，非常需要一個催化劑，作內容的連結。內容連結者是廣義的經紀人，但是台灣對經紀人的狹義是談價碼、安排檔期，充其量只能說是明星的助理，而欠缺連結產業的概念。以前經常看到經紀公司的經紀人捧紅了明星，眼見合約快到期了，於是和明星聯袂出走，成立一家新的公司。但是然後呢？又是在做以前的東西，只是自己賺錢，而不是把餅做大，沒了原先經紀公司的團隊力量，去連結其他產業，只能再次陷入單打獨鬥的局面。

經紀人的角色進化

角色	工作內容	價值
助理（Assistant）	安排檔期、收錢	抽佣金
經紀人（Broker）	談判合約、規劃活動	提高價值
策展人（Curator）	連結產業、管理組織	創造價值

把經紀人的概念放大，擴張格局，成為策展人（Curator）。策展人原本是指在藝術展覽活動中擔任構思、組織、管理的角色。文創產業無不積極地尋找價值鏈中，扮演最核心關鍵的「內容提供者」（Content Provider），IP 策展人其實就是伯樂的角色。

IP 策展人要把原創內容重新作整理，給予組織，也就是我在前面提到，好的 IP 內容要能預留介面，去連結各產業，然後再創造出新的價值。從 IP 樹延伸發展，去連結不同領域，就可創造無限的價值。產業的連結並不是件容易的事情，因為原本的業者都要甩開固有的思考模式，去創造一個新的方式。要成為好的內容連結者，必須先為產業鏈中所有的角色，建立一致的價值觀，才能為文創做最好的行銷和價值創造，晉升成 IP。

內容連結者的另一角色就是去找資金。因為文創的形成，大多來自個人的腦力激盪，腦袋裡有的是創意，但是沒有錢，就沒辦法發展成產品。一般來講，文創業者和資本家很難溝通，因為邏輯思維完全不一樣。文創業者的精神是要把夢想擺在第一，而資本家卻反過來，把利益擺在第一。製造產業中有很多創投公司，會有團隊去研究各種新型的工業產品，再考慮投資與否，但是創投對文創產業相當陌生，自然也對應不到文創業者的頻率。而文創業者就像一般的研發工程師，全心投入專業領域的發展，腦袋裡卻欠缺錢的概念。

資金來源始終是台灣文創的一大問題。政府很早就喊出文創產業，規劃考慮的層面很廣，把餅畫得很大，也提供不少預算。雖然，台灣已經有部分公司開始著眼文創發展的創投基金，但是問題在於這些公司的思考模式大多是「如何從政府的口袋拿錢」，而這並不是長遠之計。政府出資鼓勵產業，一直用於各行各業，但其應扮演的是暫時性輔助的角色。

台灣 IP 的危機

瓊瑤時代出了鄧麗君，民歌時代出了羅大佑，他們都橫跨時空，用音樂征服了華人界。後來，周杰倫接棒，更進一步連結到其他產業，包括電影、音樂劇以及其他以「周杰倫品牌」為主的副業。可惜這塊餅，台灣分到的不多，因為台灣的產業鏈還不夠打造無限延伸的 IP 產業環境。

中國大陸的 IP 產業鏈日趨完整，已經遙遙領先台灣了。而現在，台灣卻成為中國大陸 IP 產業鏈眼中的搖錢樹，因為台灣仍有很好的原創內容和製作實力。就像台灣的代工產業，台灣人的智慧和勞力製造出優質的產品；然後外國利用它的品牌，賺取更大的利益。只要台灣的 IP 產業鏈無法搭造出完整且強韌的結構，這些餅遲早被人吃掉。內容連結者和資本家，在這個環節仍需努力，在共創 IP 產業的初期，需要的是熱情，這也是 IP 的原動力。

台灣和中國大陸的 IP 發展

正如我前面所述，IP 是指文學、網路文學、動漫、音樂、戲劇、電影、遊戲等原創內容的知識產權，一個優秀的原創 IP 可以產生連鎖的經濟效應。台灣的 IP 雖然發展很早，但發展脈絡卻只聞其聲。台灣在文學、戲劇、電影領域，通常就是把一部好的作品拍成戲劇或電影，其經濟效益僅限在票房、廣告、代言、出版等，例如：瓊瑤的系列愛情小說被拍成戲劇或電影，黃春明的文學小說拍成電影等。而在音樂領域上，台灣民歌時期有很多優良作品，其經濟效益在唱片、上通告、校園演唱、廣告、代言等。

台灣 IP 發展

隨著網路世代的發展，台灣 IP 範圍擴散到網路文學、遊戲，其中網路文學的代表人物是九把刀，他從 2000 年開始在網路上創作，作品題材多而廣、風格多變，擄獲許多忠實讀者，台灣著名漫畫家彎彎，也是其中一員。九把刀所創作的作品，有很多被改編成電影、電視劇、舞台劇、網路遊戲等，而且他還跨足電影，當起導演，他在 2010 年所導演的電影《那些年，我們一起追的女孩》，票房成績亮麗，為台灣電影史上第三名、香港電影史上華語片冠軍，也是首次有台灣電影在新加坡與馬來西亞等地，獲得票房冠軍，在中國大陸，更是首部純台灣製作電影拿到票房冠軍。

台灣在手機遊戲領域，做得有聲有色，有多家上市公司。除了動漫外，台灣 IP 涉及到的範圍很廣，而且都走在前端，從早期的文學被改編成電影、電視劇、舞台劇，到現在的網路文學被改編成電影、電視劇、舞台劇、網路遊戲。

近十年來，台灣叫好又叫座的幾部電影，幾乎都是走校園愛情的路線，例如：2007 年上映的《不能說的祕密》；2011 年上映的《那些年，我們一起追的女孩》；2015 年上映的《我的少女時代》，這三部電影都是鎖定年輕族群。

《不能說的祕密》是由周杰倫負責編劇、導演及擔任主要演員，這部電影在開拍前原先不被看好，但是最後電影票房橫掃兩岸，甚至紅遍了全亞洲，還被好萊塢人士看中，被百老匯公司改編成舞台音樂劇。

《不能說的祕密》把台灣電影推向全世界，而接著的《那些年，我們一起追的女孩》和《我的少女時代》，同樣是紅遍了全亞洲，除了票房亮麗外，也帶動台灣的旅遊產業，亞洲國家的觀眾看了這幾部電影後，紛紛來台灣追尋電影場景，例如《不能說的祕密》的電影場景：北海岸的麟山鼻自行車道、淡江中學、紅毛城等，以及《那些年，我們一起追的女孩》的電影場景：彰化景點及美食、平溪、菁桐、白沙灣等，成為國內外遊客的熱門觀光景點。

然而，台灣市場的規模太小，中國大陸市場的資金雄厚，這幾部電影被捧紅的男女主角，最後都是往中國大陸發展，例如：王大陸、陳妍希、柯震東等，台灣的娛樂產業留不住人才。台灣的電影處於浮浮沉沉的狀況，無法有系統的發展出各個產業鏈，其經濟效益規模有限。

而近幾年來，台灣在戲劇領域也是處於浮浮沉沉的情況，最好的年度是在 2011 年，當時台灣偶像劇曾風光一時，甚至紅到海外，當時最經典的兩部偶像劇分別是《我可能不會愛你》和《小資女孩向前衝》。《我可能不會愛你》在第 47 屆金鐘獎時，甚至一舉奪下七項大獎，成為當屆電視金鐘獎最大贏家，也是金鐘獎史上獲得最多獎項的戲劇。此劇在全台甚至是海外都引起許多迴響，分別在中國大陸、新加坡、香港、加拿大、美國、馬來西亞、韓國、日本的電視台播放，在 2015 年，韓國 SBS 電視台更買下版權將《我可能不會愛你》翻拍成韓劇《愛你的時間》。

《我可能不會愛你》能夠如此的成功，不單單是因為有一個好的劇本，更重要的是，它能夠從各個產業鏈環節去造勢，而不是簡單的變現。它以都會文化為出發點，運用時下男女間的生活用語和社交話題，帶領觀眾進入生活化的氛圍，適度加入一點置入性行銷，例如：台灣啤酒；以及根據劇情的內容推出周邊商品，例如：愛戀航空帆布包、程又青專用隨行杯、方頭獅純銀項鍊、方頭獅純銀戒指等。當然更是少不了傳統的商品：原創劇本、電視原聲帶、我可能不會愛你 2012 寫真桌曆等，甚至推出高雄捷運卡和 icash 卡，把握住每一個變現的機會。而且還同時經營社群網頁，藉由連結劇情來與觀眾互動，維持一定熱度和關注，例如「尋找你身邊的李大仁和程又青」，讓粉絲去尋找大仁和又青走過的足跡。

《我可能不會愛你》將戲劇當作一個品牌或一種文化來經營，再讓文化成為一種消費，文化變成消費，消費變成文化，在無限循環下，產生了龐大的經濟效益。但是只可惜，這股氣勢沒有延伸下來，如曇花一現般短暫，接著就沉寂很長很長一段時間，才出現下一個好作品，但是還是無法超越《我可能不會愛你》的成就。

雖然台灣有 IP 人才，但是台灣整個產業鏈生態發展得不夠成熟，也不夠全面，無法讓 IP 變現的管道更加多元化。還有另一個原因是台灣市場規模太小，在投資緊縮情況下，製作預算低廉，品質不穩定，再加上台灣優秀的 IP 人才陸續的被中國大陸挖角，在內憂外患下，台灣 IP 發展呈現時好時壞的局面。

貓片傳媒新媒體發展部總監閆立嚴說：「一個超級 IP 最重要的是孵化過程，通過 IP 的各個產業鏈環節去造勢，而不是簡單的變現。」一個 IP 不是簡單的變現，如果只是變現，那就是製造業的思維，跟製造產品賣錢是一樣的；IP 最重要的是成長、轉變過程，透過 IP 的產業鏈去發展。然而台灣 IP 的發展，還是停留在簡單的變現，從 IP 中得到的經濟效應不如理想，因此無法持續孵化出優秀的 IP 作品。

中國大陸 IP 發展

中國大陸 IP 發展的起步雖然比較晚，但是卻有後來居上的趨勢，甚至已經超越台灣，以網路文學為例子，現在台灣最大的原創網路文學平台只有一個「POPO 原創網」，而在中國大陸，除了以騰訊成立的閱文集團，是中國大陸目前最大的原創網路文學平台外，還有晉江文學城、阿里文學、百度文學等其他網路文學平台，源源不絕的創作，題材多樣，內容多元，作品數量更是可觀，網路文學平台的作品數量超過一千萬。中國大陸的戲劇、電影、遊戲投資公司，更是積極網羅網路文學平台的優秀作品，發展出極具商業潛力的 IP 產業鏈。

2015 年中國大陸推出許多連續劇，劇本都是來自網路文學作品，這些網路文學作品掀起中國 IP 發展的熱潮，也全面改寫娛樂產業的運作模式。以顧漫的網路文學作品《何以笙蕭默》為例，這部小說分別被拍成電影和電視劇，而且她的另一部小說《微微一笑很傾城》也是同樣分別被拍成電影和電視劇。

另外一位具有潛力的網路小說家安妮寶貝，她在榕樹下文學網站所發表的《七月和安生》短篇小說，被香港導演相中拍成電影，這部電影在第 53 屆金馬獎中，兩位女主角馬思純及周冬雨共同獲得最佳女主角獎，為金馬獎以及 IP 產業的歷史寫上新的一頁。

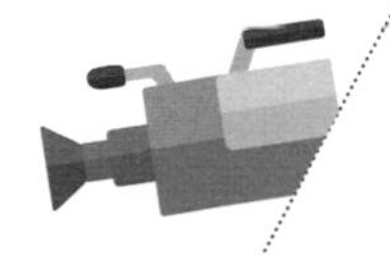

3 IP 化經營

IP 產業鏈的演變

IP 產業鏈以文創內容為核心，以文學出版品、動漫、音樂創作等數位內容作為最初的表達形式，再藉由網路平台、電影、電視等強勢傳播，帶動周邊系列產品的營銷過程。整個產業鏈，必須包括研發、生產、出版、表演、播出、銷售的整體分工。IP 產業鏈的成型是非常重要的，讓 IP 變現的方式愈廣，收益愈多。隨著自媒體的興起，在未來，網路上的小說、音樂、動畫、影片與電影、電視、動漫、電玩、手遊的連結，形成 IP 產業鏈，已經是大勢所趨。

一個產業鏈（Industry Chain）的成型，必須包含價值鏈（Value Chain）、供應鏈（Supply Chain）、企業鏈（Enterprise Chain）和空間鏈的連結。

價值鏈

IP 產業價值鏈和傳統的物質產品不一樣。一個受到歡迎 IP 內容可以陸續開發成許多衍生商品，基於之前打下的大眾基礎，可以降低很多廣告宣傳的費用，也減少很多研發的過程。從商品及衍生商品的熱賣，也可以從過程中去開發新的商機，就是一個 IP 的價值。從小說文學到電視電影，以至於衍生商品，形成了一個大樹結構。小說文學在大樹的根基，可以獲得數億的商機。電視電影在大樹的主幹，可以獲得十億等級的商機；而樹葉上的衍生商品潛在商機，則以百億計算。

歐美的 IP 產業鏈已經發展得相當成熟，好萊塢最擅長利用成熟 IP 進行全方位開發，獲取高度利潤，尤其是迪士尼和華納集團這兩家公司。好萊塢往往在一個熱門新聞發生的幾個月後，整個新聞事件就被搬上大銀幕。舉例：新聞事件如九一一、熱賣科幻小說如《哈利波特》、受歡迎漫畫人物如超人和蝙蝠俠，電玩如波斯王子。好萊塢商人們不僅將這些 IP 搬上大銀幕，創造票房，更基於之前打下的大眾基礎，開發衍生品，又打開另一個市場。

雖然 IP 產業講求中短期的變現，但是這種核心內容，所影響的深度跟廣度，卻比實體產品來得大。IP 產業可以做各種跨媒介的產品，亦可作無限的延伸，周遭產品往往也可以延續發展好幾年，智慧財產的保護更顯得重要。在這幾年內，保護專利的速度，遠不如產品競爭的速度。所以 IP 產品一問世，要立刻申請智財權，也要立即採取行動來保護自己。

IP 產業存在許多呈現的方式，可以在漫畫、小說、電視、電影、唱片、玩具、手遊等不同媒介形式中轉換表現。各種文化出版業者，與同質性的產業結合，例如影視、動漫、遊戲等公司，不但增加了文化 IP 價值變現的管道，更可形成高價值的 IP 價值鏈。

這整個 IP 運營的最終過程，需要創造出一個品牌。好的 IP 可以創造出好的品牌，那如果這個 IP 是用來經營其他已經存在的品牌，那可以利用這個 IP 提升這些品牌的知名度。

台灣的製造業長期以來的困境，就是無法打造自己的品牌，一直處於代工的劣勢。反觀歐美業者都是以品牌為主，把低利潤的製造代工外包給亞洲工廠，亞洲工人用辛勤過勞的血汗來換取廉價工資，歐美業者絲毫不花費吹灰之力，能夠很優雅地獲取高額利潤。這可以說明品牌的價值是遠遠超過物質產品。

這幾年經營品牌最火紅的方法，就是撰寫品牌故事。利用文化產業的力量，來包裝一個冰冷的產品，讓產品變得非常溫馨、讓人有感。傳統品牌的經營費用很高，而且是每年呈現倍數成長的。例如推出一個產品，第一年花費一千萬，第二年可能就是兩千萬，第三年四千萬，第四年八千萬，動輒就要舉辦大型公益，像是贊助路跑活動等。現在利用 IP 產業的助陣，可以讓這些品牌維護費用大大降低。

IP 產業發展到最後，還是必須要回歸它的核心價值。不管是那種表演形式：文學、音樂、影片、電玩等等，都要有其影響深遠的主要內涵，而這種內涵是建立在人類的價值觀。人類的智慧，用在同一種產品上面，發展的有限；但是使用在文創產品上面，卻是無限的延伸。實質產品有產品週期，長則幾年，短則幾個月，例如家電產品可能只有十年、工業產品可能只有五年、3C 產品往往不到三個月，而且愈來愈廉價。IP 產品卻能擺脫產品週期的命運，例如哆啦 A 夢已經是三代同堂的共同回憶了，這個周邊商品還會持續影響著未來的一代。

在 IP 產業板塊中，電影和電視所占的比例最高，在其他領域方面，音樂和文學的價值則仍然有很大開發的空間。電影和電視的優點是可以塑造明星，利用明星來帶領整個 IP 產業。這幾年拜 IP 產業熱潮之賜，網路小說改編成影視版權，版權價格也跟著水漲船高，普通小說的版稅行情大概有了兩三倍的成長。

但是現在是一個網紅經濟盛行的時代，網紅以智慧型手機和網際網路為基礎快速成長，各種網紅作品小說在網路平台上聚集大量粉絲基礎及火紅的話題，人氣甚至於高過強勢媒體，使強勢媒體不得不到網路上來取材。從網路觀看戲劇的族群主要集中在 20 到 29 歲，具有一定的經濟基礎，是很值得開發的經濟區塊。

供應鏈

我們從縱橫兩個方向來看 IP 產業的供應鏈，縱向的範圍包含網路文學、動漫、戲劇、遊戲等等，橫向的範圍包含團隊，團隊包含：導演、明星、製作人，還有各種製作設備。而從另一個方式來區分，IP 產業的供應鏈和物質產品供應鏈有所不同。IP 產業的供應鏈分成虛擬和實質兩種。因為文化創意產業的內容是來自人的頭腦，而不是機器所能夠調製出來的。在未來的 IP 產業中，這些供應內容的來源跟傳統 IP 產業並不相同，它雖然可能來自 IP 公司所擁有的研發人員，但是更多的選擇機會，可能是來自網路上的任何創意，或不擇地而出的網紅。

在硬體的方面，打造一個良好的平台是非常重要的。網路頻寬、行動設備、網路社群，共同形成 IP 產業鏈的最佳平台。很多新的科技都帶領著這些媒體或周邊商品的發展，例如觸控螢幕、虛擬實境，都帶動不同的衍生商品。觸控螢幕改變手機遊戲的玩法，虛擬實境創造 Wii 這種新的電玩。

電視電影的編劇題材有限，人們看多了同質性高的樣版影片，會不斷要求提高品質；灑狗血、粗製濫造的內容，無法取得觀眾的共鳴，於是電視編劇朝向從網路上面來找題材。網路文學數量龐大、題材豐富，提供大量的資源。有些網紅的小說已經具備一定的粉絲基礎，通過群眾的檢驗，也等於初步保障了收視率和票房。

供應鏈上面很多供應商範圍，其實是互相交錯的，例如：電視編劇本身就是一個小說家，而 IP 小說創成的目的是要連結到電視劇。電影業者會把影片賣到有線電視頻道上面播放，有線電視頻道自己也會投資拍電影。由於 IP 產業正在興起，目前這些業務並不衝突，反而可以互相合作。

企業鏈

企業鏈是指由企業整合物質、資金、技術等條件，在這期間相互作用所形成的鏈結。IP 產業最主要的就是技術，也就是文創內容，但是這些文創終究要付諸於物質產品，需要大量的資金。那麼資金的來源需要怎麼評估？自從網路產業興盛之後，新興的企業鏈跟傳統的企業鏈是完全不同的。

企業鏈中間的許多流程，直接被網路所取代，所以許多過程也跟著消失了。例如代理商、中盤商這些名詞消失了。由於整個中間過程都被網路所取代，所以原本傳統的企業鏈也虛擬化了，例如物流系統，整合了電子行銷、倉儲、運送，中間很多人力被電腦所取代。也由於出現新的媒介，那麼這個企業鏈的價值又要重新評估。面對新的供需型態，要去如何重新評估這個企業鏈的價值呢？這是銀行團、大財團所應重新評估的機會成本。

早期台灣中小企業的規模都不是很大，如果遇到大型的訂單，往往會發揮互相支援的作用。例如這家廠商接到產品大訂單，有可能會找競爭對手來協助消化這些訂單，也會找鄰近類似的供應鏈來一起完成。近年來電影不景氣，電影工作業者彷彿是一群小蝦米。要如何對抗國外的大鯨魚呢？台灣電影工作業者有一個優點，像台灣的中小企業一樣，就是不同的競爭對手，會去協助隊友去完成這部電影，為了完成大環境的志業，展現電影圈的團結力量。也就是說，在還沒有形成完整產業鏈之前，可以藉由這種合縱連橫的方式，達到群體的利益。

一個好的 IP 產品，最重要的是孕育過程，通過 IP 的各個產業鏈環節予以支持、放大，而不是傳統的變現方式。

IP 產業鏈一般採用的模式是：創作→出版發行（小說、動漫、唱片、舞台劇）→播放（電視、電影）→開發周邊商品（DVD、電玩、玩具）→再生產。

這裡有一些很值得去討論的問題，資金的挹注應該在什麼時候？創作、出版發行、播放、還是周邊商品？對於 IP 產品而言，大部分會一步一步來試水溫，做滾動式生產；但是如果這個 IP 產品一炮而紅時，而缺少了周邊商品的話，那反而會喪失很多攻城掠地的機會。

IP 內容的選擇與開發能力，是金融投資風險控管所要把的第一道關卡。投資 IP 產業的第一步是要找到合適的 IP 內容，與其把各種 IP 屬性很強的元素組合在一起，還不如評估這個 IP 內容是否經過大眾檢驗。傳統電影產業，製片人拿著劇本去找資金，投資人評估劇本，往往朝向保守的觀點，避免投資風險，除非有明星導演和明星演員的加持，作為投資的參考；這在各行各業也是一樣的情形，往往埋沒了好的作品。而今投資人可以藉由網路上的群眾基礎來評估，可以從粉絲數量，和粉絲間訊息傳播，達到判斷的依據。

沒有資金的產業，是不能運作的。IP 產業必須要有幾個特質，以吸引資金。值得投資的 IP 內容必須是市場導向，具有產品體系開發潛力，能夠跟網路供需作結合，而 IP 金融必須明確定義其中的投資邏輯，這也是銀行和財團應該要去如何評估投入資金，或是政府應該要去挑什麼關鍵時間點去給予適當的支援。現在已經有愈來愈多的銀行，看到 IP 產業商機，重新定位他們對投資的風險控管和利益評估的思考模式。

未來的 IP 金融模式是網路金融和 IP 的結合，資金會可能採取群眾募資（Crowdfunding）的方式。群眾募資是一種集體投資的預付費模式，網際網路的興盛，在網路上集資的風氣因而風行。關於 IP 產業的集資，一個是股權，一個是則是項目。

空間鏈

空間鏈是指同一種產業鏈，在不同地區間的分布，在地區產業鏈完善之後，也必須要把它布置到全世界，不能只閉鎖在一個區域形成小確幸，因為 IP 產業的規模是大者恆大，小則會被全面殲滅消失。你有印象的台灣動漫，現在還存在幾個？台灣動漫的生命週期幾乎都是曇花一現，經常看到外國發揚了某個 IP 產業，我們卻說這個創意其實來自台灣，因而沾沾自喜說是台灣之光，但是台灣卻是一毛錢都沒賺到。

雖然 IP 產業是屬於各國不同的文化，但是人類基本的共通性是一樣的，IP 產業沒有所謂的市場太小、文化隔閡的問題。例如：Hello Kitty（凱蒂貓），一隻沒有嘴巴的貓，它是日本大都會的產物。日本人在白天忙碌緊張的商業競爭之後，回到家裡，看到了一隻沒有嘴巴的貓靜靜地看著你，心裡會得到無限的平和與寧靜；雖說它是極度在地主義所孕育的產物，但是觸發人類內心共同的心弦，因而被廣泛流傳風靡全世界。再譬如哆啦 A 夢是大家共同的回憶，讓人感覺好像不是日本的產物，而是大家小時候的玩伴；但是它的故鄉是日本富山縣高岡市，是道道地地日本社會下的產物，傳達日本的思想和精神。

總歸來說，一條完整的產業鏈，宛如一顆大樹的生長，每一個階段都必須很扎實。大樹的根基主要為 IP 產業蘊藏動能，中間的主幹是運營的基礎、枝葉的衍生商品作大量的銷售。做好這三個環節，可以為市場帶來更大的利益。

迪士尼和華納集團這兩家公司，是 IP 產業的代表公司，迪士尼為主導的產業鏈像是棵大榕樹，華納為主導的產業鏈像則像是竹子。迪士尼對 IP 進行產業鏈的全面開發，迪士尼樂園的衍生消費品等收入占比，不斷攀升，迪士尼電影似乎只是這些周邊商品的廣告而已。例如《玩具總動員 3》，電影票房加總大約十一億美元，但衍生出的 IP 遊戲、圖書、DVD、版權授權等，總共帶來近九十億美元的收入。而華納專注於 IP 電影，商品的主軸是系列電影。八部《哈利波特》電影獲利逼近八十億美元票房，穩居全球系列電影票房榜首；近年來，漫畫《蝙蝠俠》也拍成系列電影，成為華納搖錢樹。

IP 行銷

IP 產業鏈一般採用的行銷模式是：創作→出版發行→播放→開發周邊商品→再生產。愈後面的步驟商機愈大，前面都是醞釀期。再生產這道獲利程序，可以安插到任何中間的階段，妥善利用再生產，創造一股流行的風潮，可以幫助 IP 價值水漲船高。在網路時代，IP 想要做好行銷，應該抓住以下幾點：(1)創造新梗；(2)吸引粉絲；(3)引發互動；(4)積極參與。

產業內容的結構發展結構可分成四個層次，如同一棵大樹的成長。考慮到整體戰略，依照不同層次的性質，有不同的行銷方式。

第一層是「地下層」，也可以稱為深耕層。這一層表達的是一些想法，可能還不足以成為出版品，例如：部落格、報刊雜誌、評論、地下音樂、網紅。一隻蟬在地底下蟄伏七年，才會冒出地面發出響亮的叫聲，所以在地下層的十年寒窗，並不為過，萬一哪天功成名就，效益回收是非常可觀的。

IP 產業的供應鏈要從地下層來挖掘寶物，這是一個趨勢，是正確而且快速的方法。在 IP 產業興起的時候，所有已經紅的、好的 IP 原創產物，大部分都已經被搶食一空了。已經知名的流行歌曲，身價早就翻了好幾倍，既有知名度的原創性遊戲，例如俄羅斯方塊也是一樣，晚進場的人，再也搶不到這些好的 IP，那就必須要從各方面來挖掘，最好的平台就是網路。

挖掘這個寶物，觸角必須要伸得很長，就像一棵大榕樹吸取地下的養分，把根蔓延得很廣。有時候去挖掘那些寶物，還不如自己去開一個農場。例如澎湖有許多海洋牧場，結合廣大的海洋魚類資源，形成新的漁業模式。

農場的概念就像是美國職棒大聯盟的小聯盟制度，升上大聯盟的球星擁有非常高的身價，但是球團從各國青棒去挖掘有潛力的球員，給予很低的簽約金，從自己的小聯盟球隊慢慢培養。原本的農場只是在美國，頂多從拉丁美洲去挖掘球員，後來有野茂英雄挑戰大聯盟的成功例子後，發現亞洲的商機，開始從亞洲各國來挖掘，例如王建民，各國職棒也逐漸淪為大聯盟的農場，日本球星鈴木一朗就是最好的例子。

現在有些公司直接跟網路平台合作，成立文學平台，引起網友的互動。好的文學作品可以直接跟電視、電影、遊戲業者等合作夥伴進行簽約。對於作家來說，這是一個練功的好地方，可以投入機會成本，獲得最大的成功；對於 IP 公司來說，這是一個在沙漠裡面尋找黃金的好機會，而網友的迴響就是一個最好的篩選，符合網路時代讀者的審美觀，將它們改編成電視、電影、遊戲等週邊產品，更容易引起共鳴，也能省去更多評估費用和不準確性。

有些城市的行銷，也是利用網路平台，常見政府在平台上面進行比賽，進而行銷該城市。例如台北市的台北文學獎，礁溪溫泉的歌曲微電影比賽等等，使用幾萬到十幾萬的比賽獎金得到網友的競相投稿，直接獲得集思廣益後，加乘的效益。

現今 IP 產業跟傳統不同，第一層不是用來賺大錢的，而是用來試水溫，大眾可以檢視這些內容，創作者也可以藉此來調整方向。由於外在因素的影響，也會左右創作的方向。或許作者在寫小說之前，一開始就設計了一堆遊戲規則，以便將來給電動遊戲來使用。所以在這個階段，要做的事情是：⑴累積粉絲；⑵討好粉絲，與粉絲互動；⑶試探粉絲需要的商品。

第二層稱為「根莖層」，開始鑽出地面，它是 IP 產業的基礎發展，形成各種出版品。例如：小說、漫畫、唱片。

在根莖層的作品，必須要發展完整的架構基礎。很多網紅，例如部落格作家、地下樂團歌手，往往在第一層打好了基礎之後，準備要把他的作品整理起來，在第二層上面作正式發表、出版，給各種出版業者來作正式的發行、也正式宣告版權。他們大多會以為拿舊有的東西直接抄一抄，就可以轉過第二層去了。但事實上他們會發現，在抄襲自己原來創作的過程中，還是必須重新消化，結合新的元素，成為新的創作。他們往往花一年的時間在第一層創作，但是在第二層的整理當中，也經常要花超過三個月到半年以上的時間，才能完成。因為出書跟寫文章的概念，或是說出唱片跟發表歌曲的概念，其實是完全不同的。

不過第一層的網紅作品只要經過出版業者的篩選，

就能準備正式發表了，出版業者會結合產業界團隊的力量來協助出版，這跟在第一層是不一樣的。第一層的創作，通常只是一個人或是一個小團隊，對他們的自我主題為中心，作為創作的核心，但是在第二層會考慮到周遭種種因素。例如寫書就會有封面設計、插畫、排版等專業，才能讓這本書吸引人。

電影電視購買文學、漫畫作品版權的作法已經行之有年了，新的 IP 產業勢必將形成一種新的遊戲規則。以音樂為根基的作品版權，比較常被忽略，但是唱片也是一種結構的基礎。畢竟人類接受外來的資訊，一個管道是視覺，另一個是聽覺，所以接收訊息的人被稱為閱聽人。音樂跟小說一樣，可以引發人類的思考。有歌詞的歌曲，就如同一篇文章；一系列的音樂或唱片，也等同於一部小說。音樂作品被搬上大銀幕的例子也很多，例如以小說為基礎發展的音樂劇《悲慘世界》、《歌劇魅影》；然而，以阿巴合唱團（ABBA）為基礎的《媽媽咪呀》，卻是以音樂為主要元素來編成音樂劇，再發展成電影。

第二層的行銷，仍是處於傳統的基礎行銷，在這個行銷中，要把整個銷售面布置出來，範圍儘可能愈大愈好。

第三層是「枝幹層」，這可以說是整個產業結構的頂端，這一層是藉由強勢媒介來傳播。例如：電影、電視、音樂劇、舞台劇。畢竟對於普羅大眾而言，影音是最能接受的。強勢媒介直接行銷到每個消費者身上。我們說電影是第八藝術，雖然是因為電影突破以前所有的藝術表達形式，但是電影也整合了之前所有藝術型態。

這一層中，我們經常討論到電視和電影的價值，可是卻忽略了傳統交響樂團、歌劇、音樂劇和舞台劇，這些現場表演藝術的價值，不是電視電影可以取代的，例如喜歡《歌劇魅影》這部音樂劇的人，再怎麼樣也一定要觀賞過現場演出。

電視和電影是具有時間性的，一部電影上檔時間可能會是一個多月，然後就結束了，頂多再成為二輪片，就會賣給有線電視節目去播放，不會重新在電影院播放。電視劇也是一樣，在這一兩個月結束之後，頂多再找時間拿出來重播，大多作品會轉為其他的播放形式，例如 DVD 或是網路下載。他們不像小說書籍，或是音樂劇、舞台劇可以延續很長的壽命。

影視常是 IP 最完整的表達，也等同於這個 IP 產業的旗艦。一個 IP 系列產品內涵，經由電視和電影推升到頂峰，從這個頂峰去開花散葉，所以它具有非常指標的意義。設計這齣電視和電影，必須要留很多出口，讓內容轉換為各種衍生商品。IP 周邊商品之中，像是公仔會根據電影上面的造型來製作，電動玩具的遊戲規則就是電影的情節來設計，唱片也是根據電影配樂來製作電影原聲帶，所以電影必須要保留各種好的介面，才能讓衍生商品做更好的發揮。

就因電視和電影是旗艦，所以開發的成本也就相對很高，而且一次就到位。一部電視連續劇若是收視率不佳，馬上就下片，草草作收；但是電影只要賣座不好，可能就血本無歸了。所以利用成熟 IP 產品來開發電視和電影，最大好處是可以降低投資風險。

第三層的行銷，要把所有連接第四層各衍生點的主支線建立好，把消費者引到這些點。

第四層我們稱為「花葉層」。既然第三層已經達到結構的頂端，那麼第四層就開花散葉了。例如：各種公仔、裝飾、文具、電動玩具、手機遊戲、APP、Line 貼圖，這些花葉又把完整的概念，分散成片段的意象，深植於人心。

所謂「一花開五葉，結果自然成」，第四層又結出「種子」，醞釀下一個 IP 產品；或是藉由「插枝」法，一直衍生類似的 IP 概念，所以有些電影可以引發出電視創作，例如《大稻埕》；有些電視作品也可以引發電影開拍，例如《犀利人妻》。有些電玩可以帶動電影，有些電影也可以創作電玩，這些領域都是可以互相融會貫通的。在 IP 的大樹上開花散葉，在不同管道中作轉換，作跨領域的結合，可以創新出意想不到的形式，豐富 IP 內涵、提升 IP 價值，將 IP 的價值作極大化。

根據統計，有 IP 手機遊戲的下載率是無 IP 手機遊戲的 2.4 倍，獲利則是無 IP 手機遊戲的兩倍，迪士尼公司在第四層 IP 的成功，靠著米老鼠、唐老鴨等重量級 IP 明星，衍生出主題樂園、玩具、服裝等多種產品，其獲益遠遠超電影本身。所以在第四層好好發揮，可以從迎合消費需求的方向，轉為主動引導消費需求，深植 IP 價值並帶動周邊衍生品的開發，啟動各種商品互補變現的模式，獲得更大的收益。

總之，在這個結構中，第二層是完整的基礎，第三層是最完整的所有文創內涵，第四層再藉由各種形式來對消費者的口袋荷包進行掏空作業。有了前面堆積的穩固基礎，後面也能挾帶巨大的能量來引爆商機。前面的基礎屬於小投資，可以試水溫，等到基礎穩固，再來進行後面的發展。有時候直接跳級，例如第一層跳到第三層，或是直接進入第三層，如《海角七號》，從完整的電影來衍生周邊商品，但是以這種傳統做法，所下的賭注太大。

IP 產業的發展層次案例表

	第一層（地下層）	第二層（根莖層）	第三層（枝幹層）	第四層（花葉層）
新聞評論	社會新聞		《不能沒有你》（電影）	DVD
電影			《大稻埕》（電影）	唱片、DVD、景點、小説
部落格	Tony 的自然人文旅記部落格	台灣古道地圖等書籍		登山景點
報紙副刊	《倚天屠龍記》報紙副刊連載小説	小説	電視、電影	電玩、手遊、衍生文學
小説改編		《那些年，我們一起追的女孩》小説	電影	唱片、DVD、小説再回銷
地下歌手	蕭敬騰		超級星光大道	唱片、演唱會

IP 產業與 OTT 服務的關係與商機

所謂的 OTT 服務，通常是指內容或服務，只須建構在一般的網路上，而不需要網路運營商提供額外的協助。最早只是影音的發布，後來漸漸包含了各種網際網路的服務。

在跨媒介的內容經濟章節，我曾提到，一個手機可以連到五千個裝置或是網路服務，而衍生出物聯網這種商機。這些網路裝置或是服務經由網際網路公司和傳達到使用者的這一端。這樣的商業模式其實已經存在很多年了，例如 Skype 提供聲音傳達或交換的裝置，用戶可以經由網路上打電話，不再經由電信公司的交換主機，這樣 Skype 的用戶就少了一層電信公司的費用；直到現在為止，傳統話務（電話、電報、傳真、簡訊、上網）的功能都可以被 Line、Wechat 所取代。這樣的商業模式會愈來愈普及，例如業者要傳送影音，廣告宣傳、打歌，以前是先搏到電視版面，才能發送到用戶這端，現在只要一上線，就可以在網路公司的平台上傳達，跳過了電視公司這一部分。

我們從台灣職業棒球發展演變的歷史，正可以來探討內容經濟和 OTT 平台之間的演變。台灣職業棒球起源於 1990 年，那是台灣剛解嚴的年代，那個時代三台壟斷了電視媒體，職業棒球聯盟透過三台電視和廣播轉播，一方面無法取得好的轉播權費用，另一方面沒有專業的棒球記者和轉播工程，造成棒球節目內容品質的低落。

到了有線電視節目興起以後，年代公司成立棒球轉播的專業團隊，統包職業棒球的轉播，提升了棒球節目品質，職棒聯盟也獲得比較優渥的轉播費用，把轉播的餅變大了。比賽轉播經由有線電視進入家庭。後來因為轉播權招標的問題，年代無法獲得新的續約，於是開始場場直播，這個現象開始打擊了廣播服務，也就是說廣播實況轉播的即時性被取代，球迷也不必收看已知結果的比賽。

等到中華職業棒球聯盟的轉播權易主，年代電視等同失去核心內容。那怎麼辦呢？他就必須要去創造內容，所以成立了台灣大聯盟來支持他的轉播服務。這可以說明了內容經濟裡面「內容」還是最主要的角色。台灣在兩個職業棒球聯盟的時代，因為球員人數太少，連帶影響素質問題，造成實力不夠影響比賽的品質，比賽內容最差的時代，是職業棒球票房和收視率最低迷的時候，可見得內容品質的重要。兩個職棒聯盟合併之後，加上球團經營模式的改變，比賽內容品質提升，也逐漸改變劣勢。

由於網路的發展，愛爾達網路電視加入了轉播，此項媒體的變革，使得球迷不一定要再從電視上來觀賞職業棒球，只要電視接上網路就可以看職棒轉播了。失去轉播權的緯來電視台與全國棒球協會合作，創立了爆米花聯盟以及學生棒球黑豹旗青棒比賽，成功開發新的內容。

2016 年，臉書開設了直播服務，讓每個人都變成 SNG 車，幾乎每位學生的手上都有一支手機，所以學生也直接用手機直播棒球比賽。沒上場的球員就利用手機把比賽內容直接直播到網路上面，讓學校內關心比賽的同學跟老師可以直接看到比賽狀況。每一個轉播媒介的更迭過程，都讓用戶觀看更方便，內容節目傳送的過程不必再轉一手。每次更迭，傳播模式幾乎都是 Over-The-Top 的概念。

以前上網，都是先去入口網站報到。但是現在網路基礎建設愈來愈完善，也有愈來愈多的業者透過 OTT 提供內容服務，入口網站被跳了過去。近年來，最主要的 OTT 服務分成兩大區塊：Mobile APP，例如：Google Play、App Store；以及網路電視服務，例如 Netflix、

HBO Online。

現在大部分的 OTT 都將矛頭指向電視媒體這塊大餅，網路內容供應商紛紛轉型為 OTT 業者，把傳播管道建構在網路之上，不再透過特定網路服務業主（Internet Service Provider, ISP）或是有線電視業者（Multiple-System Operator, MSO）的支持。而電信業者也跨足這個市場，發展網路電視（Internet Protocol Television, IPTV）的服務，搶走許多年輕族群或是租屋族群，用戶端只需購買機上盒（Set up box）便可觀賞網路影音，而不需購買電視。

OTT 和 IPTV 的技術是一樣的，都是透過網際網路協定，但是商業模式卻不相同。OTT 業者面對的 ISP 沒有排他性，任何網路都可以用，例如 YouTube 和 Netflix；而 IPTV 就是電信業者的業務範圍，節目跟電信業者綁在一起，例如中華電信 MOD 頻道。

當年壹電視開台，經過一段波折的過程，結果只得用昂貴費用在網路開台，最後痛苦地轉賣。當時網路電視的收視習慣並不普及，但是現在網路電視的占有率愈來愈高了，壹電視如果晚個幾年再開台，現在恐怕會是另一番局面。

OTT 這種商業模式，現在拿出來討論的目的是什麼呢？之前討論自媒體的現象造成網紅門檻降低，OTT 興起的意義代表的是內容服務公司的門檻降低了。OTT 產業發展基本三大關鍵是內容、用戶、平台，現在的時機已經成熟；傳播媒介大者恆大，誰掌握了主要的通路，誰就是贏家。網紅們可別認為平台的商機與自身沒有關聯性，事實上掌握優勢平台的演變，也是讓自己的事業道路更加平順，不得不作的事前作業。

網紅經濟 IP 化

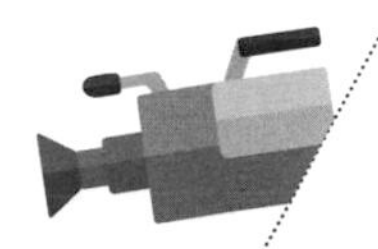

網紅進化成 IP

網紅所得到的變現，不限於金錢，只要是任何獲得利益的方式，就是變現。任何一個人事地物，皆可以成為網紅。但是網紅經常只是曇花一現，要能夠變現找到商機，才紅得有價值。而跨足到 IP 產業，是最能夠讓網紅持續發展，甚至是獲利的途徑。網紅的主要特徵就是高人氣和出人意表的創意，在在都符合 IP 產業的特質。

我在前面已經分析過當今 IP 產業的主軸，成為網紅而想要再進入 IP 產業的人，必須好好分析自己的屬性和定位在哪裡。把網紅 IP 的類型作歸類，可以分成：產品 IP、個人 IP、概念 IP、知識 IP。

產品 IP

部分的產品行銷，也把產品概念延伸到網路社群上面，引起討論，讓網友把產品名稱連結到使用習慣和討論話題，所以創造出產品 IP。例如現在「Google」這個專有名詞也變成動詞了，去網路搜尋東西，會講成：「去 Google 一下。」產品 IP 的後面通常是一家公司，連結到製造業，大部分新崛起的網紅，屬於文創型產業，並不一定會製造產品做連結。

造就產品 IP 並不是一件容易的事情。它必須要有許多人共同的記憶，或者是大家共同的認可、喜歡、討論這個產品，最後跟這個產品的符號連結在一起。經常被拿出來討論這就是汽車、照相機、衣服等。

這個產品最典型的例子就是蘋果這個品牌。蘋果創辦人賈伯斯先從電腦開始，他把鍵盤跟電腦結合在一起，改變人類的生活，把作業系統改成視窗介面。當賈伯斯被趕出蘋果電腦以後，微軟獨霸天下，大家所懷念的還是麥金塔。而後他重回電腦界，又改變手機的定義，把手機上面的按鍵都取消掉，最後 iPhone 連一個耳機孔都不放過。蘋果改變人類生活和行為模式，產品就自然成為大眾朝聖的對象，「蘋果咬一半」的符號也就成為超級 IP。

通常這類的產品，會成為公司品牌策略的一環，都伴隨一個感動人心的品牌故事。以前留學生出國的行李箱，都有一個共通的產品，就是大同電鍋。陪伴台灣人半個世紀的回憶，形成特殊的電鍋 IP 化現象。

如果新公司要跳過這些品牌故事，走產品 IP 的路線來推銷新的產品，那麼爆款產品是必須要的。而且還要不知不覺地攻占網路版面，讓人不覺得是廣告，然後贏得口碑。以淘寶網為例，透過淘寶搜尋引擎，找你想要的產品，但常會發現同樣一件產品的照片，會占據了大半的版面，所有賣家都在賣這款產品，那麼消費者就很難不點進去看了。

個人 IP

大多數的網紅都是由個人魅力開始，屬於個人 IP 的範疇。藉由 Web2.0，現在到了個性化消費的時代，個人 IP 很容易吸引到取向相近的消費者，網紅、自媒體、IP、粉絲，這條路是水到渠成的。

大部分個人 IP 都是從偶然的機會開始，也許是一段搞笑的影片，也許是一句令人印象深刻的詞句，這也是上述IP發展層級中的「表象層」而已。但是只存在「表象層」的產品，大概只有十五分鐘到三個月的曝光期。若沒有持續延伸，撐不到一年就會被打回原形。

因此個人IP，不管一開始再怎麼成功，想要走到第二步，必須要去努力經營粉絲，我們要賣商品，要先找通路；要經營網紅，粉絲就是最好的通路。因為網路平台只是虛擬，粉絲才是通路流動的因子。在這個自媒體時代，只要有許多粉絲，就可以把身價抬高。

網紅的階段，在IP樹的層級中，只屬於「地下層」，地下層所能得到的頂多只是廣告效益，而不是長久永續的經營。在地下層最重要的工作，是經營粉絲。在商場上，不要怕「走不出去」，而是怕「不走出去」。只要跟客戶互動，客戶會告訴你什麼是對的產品。同樣的，粉絲會給你指引一條網紅的路徑，然後才一步步形成固定的風格與粉絲群，進而創造無數商機。

如果網紅能夠讓粉絲固定去追蹤、點閱網站，當粉絲想起某方面的事物，也會聯想起這位網紅，那麼網紅的經營就成功了。當粉絲想要「愛台灣」的時候（尤其是國際棒球賽），就去點閱蔡阿嘎；當粉絲被他男朋友拋棄的時候，便去點閱宅女小紅；上班族工作累了，便去點閱彎彎；國中女生想要化妝，便去點閱紀卜心。

一個好的團隊對個人 IP 是相當重要的。如果要把個人 IP 網紅做到「規模經濟」，初步能夠吸引一千個粉絲就可以維持個人的基本開銷；但是如果要更上層樓的話，那就可能要百萬個粉絲。一個好的團隊，所創造的效益，不僅是倍數成長而已。例如十人的團隊，所帶來的不只是十倍粉絲，有可能是一百倍到一千倍。我們看台灣網紅在成名之後，還能繼續活躍的人，他們自身的努力都不會少，為了維持這個品牌，還去建立團隊；甚至於還沒有到爆紅之前，就已經付出相當程度的投入與努力。所以網紅是個機會，但絕對不是一個投機；當機會來了，就要好好把握住。

知識 IP

知識 IP 和概念 IP 都是個人 IP 的延伸，這兩種 IP 都必須應該要有個人 IP 明星來作為運作中心。

作為個人 IP 是很辛苦的事情，就像當個演藝人員一樣，即使再有實力，過了幾年，換了世代，搞不好就過氣了。不過很多個人 IP 追求的是貢獻他自己的才能，那就漸漸形成知識 IP。

知識 IP 不見得要去凝聚大量的粉絲，充實本身的知識內涵才是最重要的。在粉絲經營的這一項工作，不必刻意去找粉絲、討好粉絲，因為當粉絲有需要的話，他們自動會找上你。但是跟粉絲的互動是非常必要的，因為一個粉絲的問題，可能有上百位粉絲也有相同疑問，所以回答一個粉絲問題，可以引來更多的粉絲來觀看你的內容。

台灣跟中國大陸都有人朝知識 IP 的領域發展。台灣代表人物是早在網路時代之前就已經成名的李敖，而中國大陸最近年來最火紅的是「羅輯思維」。李敖在白色恐怖時代，出版很多禁書，累積了名聲，而後在電視上面主持個人節目，持續講述他腦袋裡面的知識，也在網路上經營知識 IP。李敖有他的個人魅力，辛辣的批判、淵博的知識，然後接受觀眾打電話叩應，很多人問的問題並不僅是他的知識，甚至是問他的讀書方法。

而羅輯思維是由羅胖主講，羅胖本身的口條不錯，是個 IP 明星。他的背後有一個團隊在幫他準備資料，而且無所不談；羅輯思維還能藉由網路跟粉絲互動，讓粉絲的問題在節目中獲得解答，所以羅輯思維的影響力是不可限量的。

知識 IP 應該在該領域的內容作完整的布陣，並且對群眾發揮影響力，讓人們一聯想到這個領域，馬上就想到他。例如想要搜尋電腦方面的知識，就可以連結到「重灌狂人」；想要去城市附近的小山走一走，馬上就想到「Tony 部落格」。當今最強大的知識 IP 平台，就是維基百科，藉由維基百科的運作模式，可以創造成功的知識 IP。

概念 IP

概念 IP 是許多網紅會轉進的方向。

基本上網紅在大眾面前銷售自己，不是單純把自己當作個人 IP，此個人 IP 只是概念 IP 的前奏，未來以個人來擔任某領域的代言人。

大部分網紅是因為自己本身有某方面的才能，或是因為自己的才能，找到一個社群網站可以發揮，被認同、累積粉絲之後，找到才能的出口，才開始銷售自己的另一方面才能。就像很多上班族一樣，在自己的正職工作領域上，沒有太多可以發揮的戰場，反而是在網路上找到另外一片天地。而這種才能跟自己的興趣相結合，可以得到更深入的發揮。這樣的興趣，可以直接進入文創領域。例如：九把刀從一位網路作家開始，蟄伏了好幾年，才進一步變成暢銷作家，再接著擔任電影導演。彎彎也是從一位網路畫家開始，跨足拍攝電影。然而他們在還沒進化以前，從來不知道自己能拍電影，也沒有人教他們要如何當導演、演員。

因為概念 IP 所連結的是文創，文創是一個很大的商機。在前面介紹過文創 IP 樹，一個概念可以得到無限的延伸，串連很完整的文創產業鏈。網路發達以後，大家都深刻體會到「高手藏在民間」，網路小說、音樂、動漫、遊戲設計等，在民間往往可以挖到寶。所以網紅必須要把自己的概念充實到很完整，然後藉由各種領域的 IP 來擴展自己的領域，個人 IP 進化到概念 IP 之後，不要去限縮自己的領域，而是可以跟著各領域的結合，不斷成長，得到新的創意活泉。

概念 IP 在經營粉絲上面，跟個人 IP 沒什麼不同，大概介於個人 IP 跟知識 IP 的中間。從網紅進入概念 IP，要不斷地累積粉絲、不斷地創作、不斷地延續內容，定時提供內容給粉絲，持續創造粉絲愛看的「連續劇」，滿足粉絲的期待，然而又引發粉絲另一波的期待。這就像是做生意，一旦幾天沒擺攤，客戶就會改變光顧的習慣，一旦離開，有時候就不再回來了。

在商業經營上，如果具有可以獨立的規模，然而尚無法跟霸主抗衡，那麼策略就是要創造出差異性。網紅的「公司經濟規模」就是「可獨立」，但是無法與一般的 IP 產業相抗衡；如果不製造出差異性，是很難成功的。這種商業經營就像便利超商大戰，幾年前的排名是統一、萊爾富、全家。這幾年來，統一和萊爾富的同質性太高，硬碰硬的結果，萊爾富節節敗退；而全家在差異性上面下了功夫，經營跟統一不同性質的產品，現在有急起直追的趨勢。

如果你在經營概念 IP 的時候，發現市場上已經存在了跟你同質性的 IP，那就要趕快調整方向，要避免當「Me Too」。市場上冠軍只有一個，冠軍會占有絕大部分的市場。

 要經營 IP，要牢記在心

從 IP 樹來看，從地下層鑽出到根莖層，需要花費一番功夫。第五媒體時代，傳播媒介跟以前已經大不相同，鑽出地面的工夫，只要會掌握方式，是可以事半功倍的。

平台

傳統媒體所經營的路線是「挾天子以令諸侯」，天子就是壟斷的媒體，誰掌握傳播資源，就可以控制這個

通路，在廿一世紀的商業戰爭裡，「通路為王」已經是個必然的趨勢。但是隨著第五媒體時代的來臨，網紅卻是可以反過來，也就是先「挾諸侯以令天子」，再來逼使這些主流媒體向網紅靠攏。

我在前面曾提到 OTT，現在的網路很方便，可以跳過傳統的管道，節省很多不必要的路徑。「羅輯思維」已經做了很好的範例，在「媒體壟斷」的環境下，可以不必藉由電視來跟粉絲見面，這種情勢逆轉，反而是造成電視台應該也來向他買節目的局面。這令人想到以前的「豬哥亮餐廳秀」，西餐廳作秀當紅的年代，年代影視開發錄影帶市場，打進家庭，也讓豬哥亮歌廳秀錄影帶走紅。本來草根出身的豬哥亮是一個很難登上電視螢幕的藝人，錄影帶走紅，結果反而是電視要跟他談價碼，大力對他挖角。

所以傳統電視媒體並不是唯一的王道，找對了途徑，成功也就跟著來了。但是這也有風險問題，我們常說免錢的最貴，畢竟網路平台是別人的，前幾年火紅的無名小站，說賣就賣，賣給了 Yahoo 部落格；沒有幾年之後，Yahoo 部落格說收就收，也致使許多 Yahoo 部落客因而不再經營。所以如同我在前面提及的，網紅們要掌握優勢平台的演變，做好風險控管，讓自己的事業發展更加順利。

身為網紅 IP，就要時時注意平台科技的更新，而且要不斷地率先利用新的科技服務來為自己造勢，因為網紅所引領的族群，基本上就是追求新科技的網路世代。新的科技服務所產生的效果，遠遠大於傳統的管道。例如網路直播服務，直播對網紅經濟點火引爆。2016 年淘寶天貓的雙十一光棍節晚會，直播林志玲的時段，引發手機點閱了 2.38 億次，林志玲又與網友進行 AR 互動，帶來一波買氣。

品牌化

前面提到品牌經營的重要性和價值，而網紅這種產品是屬於自己的 IP，而不是代工；所以整個網紅 IP 運營的最終目的，其實就是創造一個品牌。好的 IP 可以創造出好的品牌，那如果這個 IP 是用來經營其他已經存在的品牌，那就是品牌的結合，成功的結合可以互相提升品牌價值。

網紅本身就是一個品牌，到最後不管怎麼發展，粉絲永遠就是認你這個品牌，因為這是當初成名的成果，不會因為你成立其他品牌，而去跟隨其他品牌。

例如：蘋果電腦的傳奇，無法抗衡的大家只認賈伯斯，即使賈伯斯已經往生了，大家還會認為新推出

iPhone 手機裡面的靈魂是賈伯斯。再譬如：張惠妹曾經想改用原住民名字——阿密特，到最後，大家認的還是張惠妹，會說「阿密特就是張惠妹」，不會說「張惠妹就是阿密特」。

當這個品牌成名時，這個名字就屬於粉絲的，品牌在網紅與粉絲的互動間成長，也難怪張惠妹說她不認識成名後的「張惠妹」。

時機

品牌故事通常是現成的產品成熟之後，基於這些基礎所作的。而網紅卻是新的產品，一邊在開創產品，一邊也正在寫品牌故事，這是一個有趣的現象，可以從另一個角度來思考，不妨讓所有的粉絲一起來參與這個品牌故事的創成。對於沒有歷史的產品要寫一個品牌故事，那是必要製造一番騷動。

2017 年初，中國圍棋線上對弈網站上出現暱稱 Master 的身分不明超級棋士，連續贏了近六十場比賽，橫掃亞洲所有的棋王；等到他在第 55 場準備要挑戰中國大陸棋王聶衛平的時候，新聞才報導出來，引起眾人的關注，接著繼續狂掃南韓棋王，讓大眾持續把焦點放在這個新聞。大家也都在猜想這個網路 IP 應該不是人類，到底是哪個超級電腦？我們回頭來看這個騷動，分析為何它能造成新聞話題，如果它在第一場就開始製造話題，恐怕就不會引起眾人這麼高的關注了。所以這場騷動，也需要累積足夠的能量，找適當的時機爆發出來。

網紅 IP 在中國大陸的發展

中國大陸網紅 IP 的經營策略，比台灣棋高一著，他們能夠在很短的時間，掌握住網紅的時機，從個人 IP 轉到概念 IP，利用團隊經營的方式，以雪球滾動的方式，讓個人 IP 愈滾愈大，從中得到更大的經濟效應，以下兩位中國大陸網紅人物，就是最典型的例子，也是中國大陸網紅 IP 的發展趨勢。

咪蒙

咪蒙，中國大陸的一位網紅人物，2016 年在咪蒙的同名微信公眾號，累計點閱次數超過兩億次，每則廣告 45 萬元起，並且不斷漲價，每篇文章閱讀均超過 50 萬，大部分文章閱讀量超過 100 萬。她已經從網紅發展成個人品牌，她推出來的每篇文章，點閱次數輕而易舉的就能達到「10 萬＋」次。

2009 年，她在新浪博客開站，撰寫第一篇文章〈人的祖先原來是男人的陰莖骨哦〉開始，至今在新浪博客有 452 篇部落文，累計訪客超過一千六百多萬。她為了要打響知名度，致力經營各大自媒體平台：微博、豆瓣、知乎、貼吧、新浪博客，累積了龐大的粉絲人數；她的經營模式就是從個人 IP 轉到概念 IP。

雖然她的第一篇文章採用粗俗的方式來引起注意，但是有內容，而且貼近生活和粉絲的思想，其後持續不斷地有作品產出，題材多樣、內容多變，就像讀者的「心靈雞湯」。

她的角色是文字內容生產者，因此需要有深厚的知識基礎和社會歷練。她具備文學碩士的背景，畢業於山東大學中文系，雖然學校時主攻魏晉南北朝文學，她不走八股文路線，而以詼諧、幽默的口吻來撰寫文章。像是她在女報長期負責撰寫「讀經典」專欄，就是以詼諧、幽默的口吻來以今論古，例如〈大唐古惑仔：李白〉、〈宋代文壇小 S：李清照〉、〈唐朝劈腿天王：元稹〉、〈娛樂圈潛規則發明人：李漁〉等，這樣的風格相似於台灣的補教名師——呂捷，都同樣受到大眾的喜愛。

咪蒙在 2002 年畢業後，開始在《南方都市報》深圳雜誌部任職，後來還擔任到首席編輯，並且開始各大自媒體平台發表文章，身兼多職：網路作家、專欄作家、媒體編輯，當積累了龐大的資本和人氣後，她在 2014 年自行創業，成立萬物生長影視傳媒公司。她先後出版了四本書。其中，在 2016 年出版的書《我喜歡這個功利的世界》收錄了她微信公眾號的文章，出版短短一個月就攀上了京東、當當、亞馬遜等各網路書店暢銷榜的前五名，成功地把部落格和書籍出版作無縫接軌。利用經營部落格來產生經濟效益，咪蒙是很成功的例子。

Papi 醬

網路上充斥著次文化，而且大多數的網紅都是來自次文化，這些次文化的網紅能夠生存下來，甚至利用網紅發展成個人品牌，這是一件不簡單的事，在中國大陸確實有這麼一位人物：Papi 醬，因此她也成為 2016 年中國大陸最火的網紅。她寫下單一短片廣告最高價格的紀錄——人民幣 2,200 萬元（約新台幣 1.1 億元）。改寫了網紅經濟的定義，以網紅短片成為超級自媒體與網紅經濟代言人。

Papi 醬的學歷是北京中央戲劇學院導演系碩士，自稱「集美貌與才華於一身的女子」，她從 2015 年 10 月開始上傳原創短片到網上，以近似美式「脫口秀」的風格來評論發生在周遭的人事物，題材涉及兩性關係、娛樂圈現象、新聞議題等。內容幽默諷刺，這些搞笑影片有時候還挾帶粗話，因而擦搶走火，Papi 醬系列影片還曾因內容粗口低俗，而被廣電總局「浸水桶」，直到符合審核通則要求後，才能重新上線。

Papi 醬影片中，Papi 醬除了擔當主持人外，還同時飾演多重角色：訪問者、被訪問者、路人、小三、小四等等，運用簡單鏡頭剪接，達到不同效果，因為製作成本低廉，開播後的短短半年多，Papi 醬就累積 40 多集短片，新浪微博和秒拍視頻的粉絲各有 2 千多萬人，影片總播放量超過三億次，平均每段播放量 750 萬次以上。

雖然 Papi 醬最初推出的短片，沒有經營團隊和明確商業模式的操作，但是隨著她的爆紅，從 Papi 醬推出不到一年時間，2016年3月獲得真格基金、邏輯思維、光源資本和星圖資本共計人民幣 1,200 萬的投資，個人身價達 1.2 億元人民幣，成為第一個獲得機構投資人青睞的網紅，開啟了網路短片投資的風潮。

Papi 醬結合輕薄短小的內容與純粹的網路經濟模式，靠著網友的追捧，在極短的時間與極低的資源投入下，華麗變身為具有廣告投放價值與資本市場支撐的自媒體。

 如何成功打造網紅 IP

在產品行銷裡面，人是商品，人也是一個業務，每個網紅 IP，都兼具產品與業務的角色。老王賣瓜自賣自誇，要對自我深具信心。當受到批評的時候，網紅還得要必須要先說服自己，才能去說服別人。

塑造印象

在網路上一炮而紅，第一個條件是出人意表而且要耐人尋味。因為大家都已經看慣了傳統媒體的節目，在厭倦之餘，才會去挑選網路上不同的節目。如果網紅依循電視上既有的節目路線去做沒有創意的表演，不會引起觀眾的青睞，所以出人意表是很重要的。至於耐人尋味，就是要讓觀眾繼續追蹤下去，後面陸續上菜，來延續前面的氣勢，才能把雪球愈滾愈大，要不然網紅 IP 商品一次就銀貨兩訖，粉絲就會去另尋新歡了。

網紅 IP 一定要把「表象層」做好，例如很多流行歌曲一開始並不是一首歌，只是先做一個表象層的片段，等到聽眾喜歡了，才把歌曲寫完。張清芳曾經唱紅一個牙膏的廣告歌曲〈天天年輕〉片段，聽眾回響熱烈，等到出唱片，才把歌曲寫完整。電影海角七號插曲〈愛你愛到死〉，原本只有副歌部分，用在電影中介紹人物出場，歌詞讓人眼睛為之一亮，使這首歌意外爆紅，變成電影當中最受矚目的一首歌。後來在電影賣座之後，要推出電影原聲帶，才把這首歌寫完，做到了出人意表而且要耐人尋味。觀眾喜歡，而且想聽完整的「續集」。

所以持續的內容是非常重要的，網紅沒有傳統媒體的包袱，可以往更廣的領域延伸，旅遊、美食、汽車、時尚、兩性等等，無所不談，往大眾有興趣的話題去尋求回應，廣泛掀起話題，引起討論，但是要避免爭議。

網紅要把自己包裝成最好的形象，再把網紅 IP 推上媒體，慎重的程度，要如同進入電視的攝影棚一樣，螢光幕前一定要呈現完美的形象。被包裝後的網紅，就是一個偶像、是一個品牌，這方面的概念會透過形象思維（Imagery Thinking）被賦予符號化。這個符號，可以代表一群人、一系列產品、一種價值觀，這時候，就是準備推升上 IP 樹的前奏了。

重視媒介的需求

每一個網紅 IP 必須要認清自己的客戶是誰，除了最基層的粉絲，任何一個「IP 樹」上可以把網紅 IP 推升的媒介，也都是重要的客戶，這些媒介可以把網紅 IP 無限放大，開發出長遠的產業鏈。

什麼是 IP 媒介客戶所認為的好 IP ？(1)粉絲；(2)領

域；(3)未來的參與。

前面提到網紅 IP 的特質是「挾諸侯以令天子」，粉絲是最重要的元素，讓 IP 媒介可以基於這個基礎去發展。粉絲量要大、粉絲增長趨勢明顯、粉絲忠誠度高。一個文創產品，例如出版書籍、唱片，要去找媒介公司合作，往往先被詢問到第一個問題就是：「你能保證多少的銷售量？」具有大學教授身分的作者會被聯想到，他的學生會買這些書，因此增加合作的空間。

網紅 IP 主題與 IP 媒介主推的領域近似度，IP 媒介才能利用他的現有資源去推展。要出重金屬搖滾唱片，總不能去找古典音樂唱片的公司。但是網紅 IP 還是可以去嘗試作這種結合，也許可以開發出新的市場。以前福茂唱片長期經營古典音樂市場，他們嘗試想走流行音樂市場，先尋求風格類似的歌曲和歌手，首先推出古典音樂聲樂領域的辛曉琪，結果獲得成功，也成功帶動另一個市場。

網紅 IP 能持續參與未來的發展，是 IP 媒介很注重的。網紅 IP 必須服務好客戶，IP 媒介在推廣的過程，往往會引進新的回應，成為新創作的元素。網紅 IP 是否能夠配合去創造更大的市場？或是會為了理念不同而分手？網紅 IP 必須要清楚地認知，當網紅 IP 浮上檯面，網紅 IP 就是一個商品，會受到社會上各種不同的因素來牽絆，要對媒介和粉絲這兩大客戶來負責。

網紅 IP 大多是在地而生，然後推廣出去。台灣有網紅 IP，但是經常難以形成網紅 IP 產業。事實上，網紅 IP 一開始就要設定市場，然後制定策略。台灣的 IP 產業不用怕市場太小，人口只有五百多萬的芬蘭（人口 530 萬）的憤怒鳥和丹麥（人口 550 萬）的樂高，只要 IP 夠好，皆能以全世界為市場。重要的是如何能創新，才是獲勝的關鍵。也不用怕競爭，物質產品很容易經由銷售策略被打壓，然而 IP 產品是不會的。至於資源是不能等著政府、客戶來提供，而是要自己出去開創，就像台灣的中小企業興起，一卡皮箱走天涯去賺錢，找到生意，資源就來了！

如何站在世界中心成為網紅

- 歡迎來到網紅大平台
- 掌握網紅的基本特質
- step by step!網紅新鮮出爐
- 網紅孵化器，從養成到行銷一條龍
- 網紅新趨勢——小人物的帝國時代

1 歡迎來到網紅大平台

都說「網紅」是時代的產物，好比是網際網路蔓延下交織而成的一片明星海。網路普及後，幾十年間我們歷經數次快速變革，一批批網紅像是打地鼠遊戲般起起落落，隨時代脈動前仆後繼，很快紅了，但很快也消失了。現在就讓我們認識那塊網紅敲門磚，觀察線上那些網紅們從哪些入口踏進這新興國度，肯定別有一番趣味。然後，請你不要只是站在一旁欣賞別人的成名之路，最重要的是一定要起而行！

任何事業的經營都需要一段時間的醞釀，網紅也不例外。即使你一開始不紅，但是將來爆紅了以後，粉絲自然也會去回溯你過去的作品，只要你認真經營，一定會有成果。

網路文學搖籃，資訊傳播長青樹——BBS

56K 數據撥接時代裡，痞子蔡、藤井樹等人於 BBS

（電子布告欄）孕育出許多膾炙人口的作品，網路連載文章之盛，形成專屬這世代的新興文學類別——「網路文學」。BBS 中文解釋為電子布告欄系統，顧名思義是使用者可以在此張貼、發布各種資訊。

純文字介面的設計符合網路初普及、頻寬不足、資料傳輸緩慢的時代背景，更使得眾人可以專注把眼光放在文字內容上，沒有炫目的影音干擾，觀眾評分的唯一標準，就是從內容決定你的東西是無用小廣告或是有用的資訊。

這個時代就是文字為王，能寫得有共鳴，寫得漂亮，就能留下一筆。

隨著幾十年間各種五光十色的社群網站推陳出新，大多數的 BBS 面臨被淘汰的命運，但依然被視為台灣網路資訊傳播不可或缺的重要大員，最功不可沒的台大批踢踢實業坊（PTT），儼然成為 BBS 最後一道堡壘。隨著科技的演變，還有專屬瀏覽 PTT 的手機 APP 推出，甚至近年來更成了公民運動的搖籃，台灣的「阿拉伯之春」就是從此地風起雲湧。

PTT 的性質好比是美國的 Reddit、日本的 2CH，這些論壇聚集了廣大的網路族群，在此發表高見、暢所欲言，在與網友文字互動之間，激盪出一種詼諧的語言模式。另外，依照不同主題區分各類的「看板」，在此每個人可以藉由各種條件搜尋到氣味相投的同好，儼然就是一個縮小的網路社會，更進一步發展出屬於 PTT 的「鄉民文化」，相關用詞還成為現實社會中的流行用語。當然就如同真實社會中，也會有所謂「意見領袖」形成，在虛擬世界坐擁知名度。

從 BBS 發展出來的網紅類型是以圖文、內容等靜態取向，這是 BBS 工具特色導致的現象。最初的網路文學作家們到如今的 PTT 紅人，共同的特性在於以文字來征服群眾的心。不過像是「台大五姬」及「表特版」（Beauty 版，是 PTT 當中分享帥哥正妹的看版）這類型紅人是 BBS 之中另類的一支，不管哪種路線在 PTT 擁有知名度後，想走向變現之路就需要開發其他網路平台。

網紅們要界定清楚 PTT 的工具定位，原因在於：一是 PTT 屬於非營利性的學術網路，與商業氣息不相為謀，有接觸 PTT 的人應該都清楚站規明確規定禁止從事商業行為，延伸到各看板，對於廣告文、業配文基本上都是排斥態度，所以在這裡，變現模式是行不通的。

二為 PTT 的使用者群體較其他社群網站有明顯區

別，根據統計，PTT 使用者的年齡層落在青壯年、社經地位較高的族群，對於網紅經營上會有局限性，操作時需搭配其他的社群平台，以便有效掌握各個階層使用者。

綜合以上的特點，我們可以將 PTT 當作中繼站，若要有進一步相關的網紅事業規劃，較不適合以此為據點。再者，PTT 高度自由與非商業化的特性，讓它獨身於網路世界之中形成獨特的路線，現在已經朝向品牌化的趨勢，就算從來不上 PTT 的人，也會從各種傳播媒介接收到來自 PTT 的影響，舉著 PTT 紅人的旗幟總會比別人多吸引到一份目光。因此，真正的變現道路是立基於 PTT 再跨足各網路平台，在 PTT 成名後，以能夠吸引到更廣大的群眾目光的行銷方式，像是出書等等，是打開 BBS 網紅成名的方式。

從文字到有圖有真相——Blog

囿於網路數據技術剛起步（BBS）只能以文字形式呈現，隨著網際網路技術推進，「部落格圖文」時代來臨，在部落格上以圖文並茂的方式，提供各種有趣或實用的內容。其中最令人台灣人熟知的就是「無名小站」，只可惜它在 2013 年走入歷史，當年與它並列兩大部落格的痞客邦接收了大部分用戶，當時痞客邦就是以推出「搬家」功能爭取到絕大多數的無名用戶。

而真正轉型為網紅變現的高峰期就是自部落格出現之後。但千萬不要認為，部落格是在記錄流水帳，洋洋灑灑當成自己的日記本，除非你只是單純寫給自己看，不在乎是否能獲得人氣。事實上，愈是知名的網紅，愈會以應試的謹慎態度去撰寫每一篇文章，而且字字斟酌，因為他們深知只要稍有不慎，就有可能讓苦心經營多時的名聲毀於一旦。因此經營部落客的心態一定要正確，這些平台如職場，粉絲就是客戶、上司，用心與他們互動，才不會讓人氣還沒轉化成實質收入前就化為烏有。

美妝教主荔枝兒從經營部落格時期，即認真看待並回覆粉絲的留言，她 19 歲開始經營部落格時，每天至少花 17 ～ 19 個小時在撰寫文章與回覆粉絲留言上，而且持續達半年之久，即便現在也必須花 8 ～ 12 小時的時間在工作上，部落客絕不是一般人以為的那樣輕鬆。

她之所以堅持親自回覆的原因，就是為了抓住網友的脈動。透過網友的留言，她才清楚了解，會來閱讀她的文章的粉絲樣貌，以及網友閱讀文章的高峰時間。就是因為了解讀者的特質與需求，她才有辦法寫接下來的文章，也才有辦法把每篇文章的效益發揮到最大。

荔枝兒用心經營粉絲需要與愛看的內容，讓粉絲不但從此離不開她。她先把網友變粉絲，再從粉絲到鐵粉，最後成功將鐵粉化為轉單率，現在不只深獲粉絲信任，更成為一線品牌指定合作的美妝教主。

她說，如果部落客的鐵粉很多，可是卻不去買東西，沒有轉單率，廠商就不會想要來找部落客合作，所以時時研究粉絲的樣貌，是部落客一定要做的功課。

第一次的親密接觸及影音平台——SNS、YouTube

SNS 是 Social Network Services（社交網路服務）的縮寫，泛指大家熟知的臉書、Instagram 這類型的社交網站及軟體。人與人之間的互動，透過社群網站的發展開啟了比 BBS 匿名方式、部落格的留言功能更加活躍的交流模式，SNS 社交取向帶來人際間更親密的互動。網站最初的設計就不利於資訊的保存，相較於 BBS 及部落格文章分門別類的文章，發布的消息很快就消失在渠道裡。

另外，差不多時期 YouTube 出現，開啟網紅潮的序幕。美國從 2005 年進入大量網紅誕生的時期，現在許多在電視節目展現才華的音樂從業者便是從 YouTube 出身，例如：加拿大歌手小賈斯汀（Justin Bieber），本身就是從影音網紅出身。

影音平台跳脫電視節目僵化的拍攝架構，網路影片、直播等方式能接納更多元的內容及不設限的手法。例如傳統錄製節目大多都在專業攝影棚內進行拍攝，對於服裝造型相對也會有要求，但網路影音方式不同，像是蔡阿嘎他的許多影片拍攝地點就在他的租屋處，燈光等影響影片品質的因素就倚賴專業團隊克服。

最即時的舞台——直播

大陸知名網紅「阿冷」透過直播展示她的好歌喉，光是靠粉絲打賞，八個月就賺進人民幣三千萬（約新台幣 1.4 億元），她的最高紀錄是曾經在三個小時的直播過程中獲得 110 萬人民幣，又是一個靠直播竄起的網路新星。

「直播」在媒體界裡原是指即時播放的新聞節目、賽事，常見到標示著 Live 的字樣，現在隨著網際網路的發展，特別是我們前面提到的，邁入 4G 後的直播也形成密不可分的連結，各類的直播平台紛紛出現，就連原本的社交平台為了搶攻這塊大餅，也都推出直播功能。

直播 APP 一開始設計目的是朝向社交形態，但直播的魅力在於即時互動性、內容更加廣泛多元，許多不可思議的主題都可以成為直播主題，直播者和觀眾之間關係更貼近，符合人們追求欣賞對象反饋的心理，也讓直播成為網路世代相當成功的新興平台。

各類直播平台

17 直播為台灣第一個自產的直播 APP，先是獲得中國公司資金，進軍中國市場，後又有新加坡集團也相中台灣直播 APP 這個市場，重金投資 17 直播，甚至曾登上 APP 下載排行榜，可惜在此的網紅經營模式，受到功利取向的影響深刻，風格走偏。

作為台灣「直播始祖」，可惜的是負面新聞不斷，讓正起步的台灣直播在尚未解決大眾的疑問之前，就讓社會對直播打上問號。

但不可否認，為了吸引與留住用戶，豐富的功能是必要性的，因此各大社群網站也都紛紛推出直播功能，如臉書 Live 就是臉書為了搶攻直播市場而推出的功能。

此功能在 2016 年 4 月推出，使用者可以用手機在臉書上面免費直播；而 Instagram 隨後也跟進推出即時直播功能。

Twitch 是專營電競、遊戲的直播平台，各類型電玩愛好者都可以在這裡找到歸屬。因應潮流趨勢變動，改變經營策略開放非遊戲類型的直播內容，並推出了新直播類別——IRL（In Real Life），讓直播使用者除了遊戲實況以外，可以與粉絲分享真實生活點滴，走出遊戲世界拉近與粉絲間的距離。此功能象徵 Twitch 進入轉型階段，除了 IRL 還有 Twitch Creative、Social Eating 等創新功能。

Live me 崛起於美國，在全球累積大量粉絲，也積極拓展台灣市場，推出繁體中文版 APP。該平台密集推出行銷活動，藉以拉抬平台知名度，搶攻市場的企圖心相當明顯。

Livehouse.in 是台灣的直播平台，涵蓋的主題有遊戲、新聞、課程、休閒、動漫繪圖等不同頻道分類，申請帳號後就可以做直播。如果你除了遊戲之外還有其他的直播，例如產品開箱影片、旅遊記錄，而且你想吸引的目標客群是一般大眾，而不單單只是遊戲愛好者，那麼 Livehouse.in 會比 Twitch 更合適。

直播平台的成功之道取決於用戶的多寡，以及是否能夠為直播者帶來效益，但網紅們一開始也不需要局限自己在單一平台上，盡可能在各平台多方經營，吸取各方面的資源，在累積人氣後，再進一步選擇根據地。

台灣的素人直播領域還有很大的發揮空間，現今市場還處於秧苗初長階段，我觀察幾個經營台灣直播市場平台的人氣，和國外直播風氣相差甚遠。其實換個角度來想，這對台灣網紅們而言反倒是一個可喜可賀的消息。未來幾個蓄勢待發的直播平台，將搶占台灣直播界地盤，也會顛覆網友的使用習慣。

韓國

韓國的直播也相當盛行，韓國的電競比賽是時下主流趨勢，連韓流明星都相繼以直播方式，讓粉絲觀賞明星連線對打遊戲的現場畫面，話題性十足，也帶動一波新熱潮。

除了電競比賽類的直播躍上熱門話題外，另一項在韓國直播圈引發迴響的話題，就是素人主播直播自己吃東西的畫面。很多人百思不得其解，為什麼這樣的主題會榮登直播排行榜，事實上，拜大胃王節目所賜，看這些大胃王狂吃很療癒、會紓壓，是很多觀眾的反應。現在透過直播的方式讓觀看者更有臨場感，加上也能和直播者互動，為吃東西這件事增添更多趣味。

中國

中國直播的特色之一可以追溯到 B 站、各大影音網站獨步全球一大功能——彈幕，若是沒有接觸過中國影音平台的人一定是一頭霧水，這項功能迎合年輕世代喜愛即時互動，也貼近現代人習慣於網路交流的特點。想像過去是一群人同守在一台電視機前觀賞戲劇，隨著劇情高低起伏，你一言我一句地發表看法，彈幕就是把這樣的場景從現實搬到網路世界，在不同地區的人也能對同一段劇情、同一個畫面作評論。這樣的功能運用在直播 APP 裡不但進化成更具時效性留言互動功能，還能為直播者換取實際收入。

根據報告顯示，2015 年中國線上直播 APP 數量接近 200 家，直播平台使用人數也高達 2 億之多，而這個數字是持續不斷地增長當中。直播平台的類型，除了專營直播功能以外，社交、遊戲等平台也都推出直播功能，甚至知名網路企業如電商淘寶，也紛紛加入這場混戰的行列。在如此競爭的局勢下，難以有突破僵局的佼佼者勝出，相較於其他國家有大型直播平台壟斷市場，中國大陸呈現百花齊放、小國紛立的狀態。

但種種的直播亂象，讓中國廣電總局下發通知，網路節目直播必須要持證上崗，在中共文化部、廣電總局相繼出手介入之後，國家網信辦也於 2016 年 12 月 1 日開始實施《互聯網直播服務管理規定》。透過實名登記、即時阻斷，直播平台將設置總編輯先審後發、黑名單等硬性法條約束，以及常態性監管，意圖遏阻網路直播亂象。

只是法令實行後，對於還沒入行，計劃加入直播賺錢的素人來說，要搏上位的難度應該會變得更高。至於對整個網路產業，究竟會造成什麼影響，還需要觀察一段時間才能下定論。

除非中國政府徹底禁止視訊直播的存在，否則永遠無法阻止直播平台鑽空子、打擦邊球的行為，畢竟所謂的「擦邊球」就代表著，只要有「邊」存在的一天，就一定有人會想辦法把球從灰色地帶「擦」過去。

即時通訊 APP——what's app、Line、kakao、微信公眾號

若從這幾類工具的崛起順序表來看，即時通訊 APP 可以說是裡頭的小學弟，卻能青出於藍地成為所有工具之中，最被大眾普遍使用的工具。根據調查結果，通訊

軟體──LINE 的使用率年年增長，甚至達到 1,700 萬，相當於全台灣網路人口超過九成的用戶數量。

除了年輕世代的使用者外，中老年族群的 LINE 的使用比例也都超過九成，家中長輩們人人都有幾個 Line 群組與親朋好友們聯絡感情，「Line 一下」已內化為台灣民眾的溝通方式。

事實上，即時通訊軟體發展的歷史相當早，從早期的 Yahoo! 奇摩即時通到「登登登」MSN，但卻不敵眾網路競爭者，最關鍵的轉折是智慧型手機鋪天蓋地而來，幾乎人手一機，而即時通訊的通話聯繫功能集合電話、簡訊功能，又有活潑的介面，大幅提高使用率。相比社群平台更具有私密性同時還兼具社交功能，自然成為新一代網路工具新寵兒。

全球各地習慣使用的即時通訊 APP 各有不同，台灣、日本的 LINE，中國的微信，北美的 FB Messenger 以及全球市占率最高的 what's app 等等。通訊 APP 不若像臉書、Instagram 等 SNS 主打無國界的社交特性，最初的主要功能是用來與親朋好友聯繫、通話，目標為使用者的親密交友圈，因此形成封閉性的在地網絡。

此外一項就是排外性，由於建立在使用者交友圈之上，使得 APP 市占率大者恆大，想要打入已成型的既有市場越形艱困。在這種情況下，網紅使用這項工具時，會深受在地性特色影響，但同時也更容易打入當地市場。

也就是說，當網紅經營台灣市場時，選擇使用 LINE@ 會比微信公眾號吸引到較多的台灣粉絲。同時，使用當地習慣的通訊 APP 貼近當地群眾的活動，也更容易形成網路版的群聚效應；相反地，沒有微信公眾號的網紅在中國是無法生存下去的。

從中國知名的羅輯思維來看通訊 APP 成為網紅變現利器的方式，羅振宇利用微信公眾號每日早晨推播 60 秒語音，快速論述一個簡單的思考議題，類似序言的內容，而聽眾每日只需花人民幣 5 毛的價格。這種模式讓即時通訊 APP 不再僅用於通訊功能，而成為一種商業管道。當客源都聚集在這裡的同時，開發商們也積極投入這塊市場，此時擴大經營區塊將通訊 APP 當做網紅工具是利大於弊的規畫。

各地區的朋友圈公眾號及服務號，從中獲得回饋的模式已然在中國穩定成長，台灣人習慣使用的 LINE，類似的業務也陸續開展，LINE@ 生活圈是與微信公眾號相似的平台功能，3C 愛好者的接受度最高，等到社會大眾熟悉這項功能後，前進 LINE@ 成為台灣網紅們的現在進行式。

不過觀察這段時間以來，中國大陸對微信公眾號的規定愈來愈嚴格，是所有想要透過微信公眾號成為網紅的人，一定要留意的關鍵。

假如你要從無到有，開始經營一個微信公眾號，作為一個自媒體，你需要的是夠多的粉絲和一定數字以上的瀏覽量，才能逐漸在網路上被人看見。而閱讀量直接影響廣告價格和收入，沒有閱讀就沒有收入，是最直接的獲利形式。

但是要提高數字並不容易，需要持續提供優質的內容和長時間的經營，因此在現實收入的壓力下，刷流量的產業鏈也就自然而然形成了。

以新聞網站來說，在流量考核的 KPI 下，即時新聞的閱讀量，成為記者和編輯們的惡夢。但最令人害怕的後果不是以人工方式刷閱讀量造假，而是標題統治世界，甚至整個中文閱讀生態都被迫改變。

演變至今，找人刷流量已成為業界司空見慣的常態，刷量能帶來更多廣告費，甚至決定了有沒有人找你投廣告。在網路上隨便搜尋，就能輕易找到許多專門刷粉絲、刷流量的平台，各種功能應有盡有。

微信公眾號的閱讀量數據，等於把所有作者都放進一個以瀏覽量為標準的 KPI 鬥獸場裡，網路媒體藉由刷量獲得漂亮的數字，以獲得投資人青睞，成為網路創業的另一種獲利型態。

除了定價透明化，還能指定時間刷流量以減少被懷疑的風險，你只需要台幣三千多元的成本，就能刷出十萬以上的閱讀量，而這種造假的模式，已在社群網路上形成一種風氣。

當微信大 V 們的閱讀量是假數字，負責下廣告的人回報的也是假數據，到最後，假數字直接改變廣告主對廣告效果的預期，進一步刺激公眾號作假。這種操作虛假數字的手法，已經嚴重破壞市場機制。

因此 2016 年 9 月底，微信系統進行改版升級，改變了採集個人微信資訊，以及公眾號資訊的介面及後台規則，因此大 V 公眾號的真實瀏覽量馬上被曝露在陽光下。一些平常閱讀量超過 10 萬的大 V 公眾號，在微信改版當晚，閱讀量如雲霄飛車般直線往下衝，有些跌幅甚至高達 90%以上。

行動網路的興起，媒介方式的改變，代表我們進入各種網紅橫空出世的全娛樂時代，在身處刷閱讀量、刷點讚數的黑色產業鏈，同時也意味著良幣和劣幣的爭鬥永不停歇。

2 掌握網紅的基本特質

興趣也能當飯吃

以前常聽到長輩告誡小孩專心在課業的話，「興趣不能當飯吃」。在網紅時代下，卻是個高喊要有興趣才有飯吃，只要能在網路上號召一票志同道合的同好，這些人都會成為你的「金主」。很多傳播者自己成立部落格寫文章，或是上傳影片到 YouTube 上，很快獲得周遭朋友的迴響，然後傳播至其他網友，讓按讚的人數呈現倍數成長，在享受掌聲的同時，名聲很快也跟著水漲船高。

這些傳播的內容不見得要多有深度，只要能引起共鳴，例如觀察時下的台灣年輕世代流行走文青風，其中的特點就是個性、獨特，擁有懂得生活的風格。無論「小確幸」、「藝術人」的內容都可以吸引到不少追隨者，只要一天寫一點，任何內容在累積一段時日後，必然可以逐漸產生效應。在創作的過程中，只要持續獲得迴響，不斷透過互動，一定可以踏上網紅的道路。

塑造出高顏值與好身材——以美成名

一般大眾對於網紅的刻板印象就是打扮時髦、臉蛋姣好、身材傲人的正妹，這當然是成名的網紅裡重要的一個類別，美好之人事物，人人都喜之。

網紅 IP 的顏值非常重要，在網紅界中，陰盛陽衰是個趨勢，我們在網路上可以發現大多數人流傳的話題，就是正妹。

網路上的群體審美，會把顏值發揮到極致，只不過不是每個人都是正妹，而且也不是天天都有新的正妹出現。

所以我認為顏值可以作另一種定義，就是奇美。很多美的事物，可以經過時間的醞釀，讓粉絲接受，而發展出新的審美模式。

網路的發展，讓人人都擁有在社交平臺上表現自我的機會，這讓更多沉潛在民間的高手有更大的發展空間。就如同我先前提過的，女孩一直都是網紅發展的核心，從美妝、穿搭等等，無一不是網紅們透過展示審美觀來擄獲粉絲的關注。

但事實上，如同我們一再強調的，任何一個正妹網紅，都必須建立自己品牌化形象。透過日常發文、打扮風格等方式，塑造出與其他人不同的樣貌，才能在網紅的紅海中勝出。

你必須擇定好主要的粉絲群，並全力朝他們想要的內容用心經營。像是網紅 Dora 就是主打與粉絲之間「即時、真誠、零距離互動」，透過直播方式，將自己的工作實況，美妝和日常生活的一切跟粉絲分享；她持續無間斷地跟粉絲互動，粉絲只要傳訊息，她一一回覆，就是這種親切的風格，讓她擁有一票死忠的粉絲。

所以，想成為網紅的你，首先要形塑自己獨特的穿衣風格，並且要打理好外表，最重要的是找到你的個人品牌特色，無論走哪種路線，切記要讓粉絲一看到你的名字，就能在腦海中出現一串形容詞，而非一片空白、毫無記憶點。

自然就是美——不正也能成名

當網紅市場普遍被正妹壟斷的時候，有時候「醜」反而更容易出名。就如同中國大陸知名的網紅——芙蓉姐姐，可以說是開創另類網紅市場的先河，大眾會以她的外表大作文章，但長相普通的路人隨便抓都一大把，為何單單就是她能爆紅呢？原因就是具有特色、有爆點。接下來，我們不妨看看芙蓉姐姐的成名經歷：

芙蓉姐姐，是 2003 年底開始發跡，她在北大未名論壇、水木清華等 BBS 裡發文。尤其在 2004 年開始在水木清華 BBS 發布大量照片，名聲迅速被傳遞開來，進而被媒體報導，其名聲甚至連台灣民眾都曾聽聞。「芙蓉姐姐」這個稱呼的來歷是她最早在水木清華 BBS 發表她自己的照片時所用標題「清水出芙蓉，天然去雕飾」，因此被網友以這帶有嘲諷的稱號稱呼，但就因為有爆點，也就成為她竄紅的哏。

接著在有計畫的商業操作之下，芙蓉姐姐開始進入網路媒體，她先是接拍了網路短劇《打劫》，逐步走向演藝圈，將名聲由網路帶到現實生活中，在人氣最熱之際，就如同其他突然爆紅的網紅一樣，也得到多間公司、媒體的工作，藉此機會進行短暫的「網紅變現」，透過參加各種商業活動，賺進大把人民幣。

另外，在這個類別中，許純美可以稱得上是台灣的代表。喜歡稱自己是「上流社會」的許純美，就是因為她的特殊形象，一口鄉土腔、藍色眼影，把台灣鄉土味展露無遺，趣味感十足，快速成為民眾關注的話題。她雖然不美，但就是因為有觀眾愛看的特點，讓「許純美現象」風靡台灣社會。

從芙蓉姐姐和許純美的成名經歷中，我認為網紅並非一定要有顏值，只要有特點，只要有自己的個性，有讓觀眾印象深刻的內容，並且能藉由網路傳播，就能成為網路紅人。

靠你的經歷、性格、思想——靠寫成名、靠說成名

網紅的寫作，並非要能寫出可以得到文學獎的內容，也沒有非要具備深厚的國學底子，最重要的是，內容背後的思想能否觸及人心，只要觀點獨特或內容犀利，很容易就能引起共鳴。

就如同台灣網紅 Peter Su（本名蘇世豪）的寫作就是一個例子，他寫出的句子，用詞遣詞沒有多艱深，但有觸動人心的文字意涵極具可讀性，讓他的第一本書《夢想這條路踏上了，跪著也要走完》，不只登上 2014 年博客來華文書籍銷售排行榜冠軍，更持續兩年盤踞在即時榜上。暢銷數十萬冊的關鍵，就在他的寫作觀點能夠引起讀者的共鳴，換句話說，就是代替大家說

出了心裡的想法，將讀者潛藏的心聲如實表露，讓讀者在閱讀的過程中心有戚戚焉，而產生滿滿的認同感。

除了靠寫成名的文字型網紅，其實與寫作相比，說話方式可以更加生動，並且把文字難以表達的情感，透過聲音的變化傳達出來，若再適度加上一些音效，能讓聽覺更加刺激。我們常提的知識型網紅《羅輯思維》羅振宇，就是靠「說」而成名的代表。

對於想要靠「說」來成名的網紅，我可以教你一個練習的方式。首先你可以從演說現成的內容開始，練習將網路上的內容，以自己的表現方式錄製一遍。你也可以透過模仿，揣摩人家的語氣，練習聲音的高低起伏，並且適時加入情緒的表達，接著在內容上適度加上自己的觀點與看法，久而久之，便會形成自己的品牌風格了。

娛樂大眾是最重要的——影音的魅力

在網紅活躍於網際網路的今天，穿搭達人、美妝達人或是歌唱達人的比例占絕大多數，他們或多或少擁有一兩項技能，但就是因為競爭者太多，如何脫穎而出就必須運用各種出奇制勝的手法。那要如何吸引粉絲呢？

我認為最直接的方式就是拍攝影片，因為影片能直接娛樂大眾，也更能吸引到觀眾的注意力。

DJ Piko-Taro 的洗腦歌曲《PPAP》席捲全球，以無厘頭的歌詞，帶來洗腦式的印象，諸如《江南 style》也是同樣的道理。《PPAP》透過網路社群網站的轉傳，在全世界造成一股模仿旋風，帶來超高的點擊率，直到現在 YouTube 觀看人次已經破 5,000 萬次。

儘管因社交網路的發達，讓很多素人有了走紅成名的機會，但這並不意味著每個人都可以輕易地成功。實際上這些達人能夠通過影片、直播走紅成名，都需要持續地發表風格鮮明的「作品」。綜觀目前網路上當紅的達人們，大多不是突然走紅的，而是通過在平台上持續輸出優質的「作品」，一個粉絲一個粉絲地積累起來的。

而病毒式爆紅影片也是通往網紅的方式之一，但是想在病毒戰場上生存，也不是件容易的事，並不是任何奇怪或亂搞的影片，都能成功，而是要思考具備怎樣的特色，才會讓人覺得「值得分享」（worth sharing）。

影片內容不能只是一味地惡搞，要透過共同的生活經驗，巧妙安排幽默橋段，來引起共鳴。你必須從生活中去觀察，了解觀眾的口味、將時事與劇情完美融合、抓住笑點節奏，看見大家沒注意到的地方，並在劇情中放大它，觀眾就會覺得新奇有趣。

比如高齡阿嬤透過影片，也聚集了無數的忠實粉絲，快樂嬤就是一例。起因是孫女不捨快樂嬤長年洗腎的鬱悶日子，於是邀請阿嬤一起拍影片。影片中，阿嬤教大家煮家常菜與分享生活中的大小事，她自然不做作的反應，讓人回憶起童年快樂的感覺。粉絲的良好反饋，讓快樂嬤充滿成就感、笑得很開心，也找到人生的新目標和價值。

還有邢黃滿金阿嬤幫自己取了一個英文名字 Gold（黃金），她平常最愛在臉書爆孫子的料，並以罵孫子「頭殼壞掉」出名，如「我那個孫子真的頭殼壞掉，不吃完我做的菜再去上班，我都煮了兩人份的才跟我說要出門，天公伯啊救救我孫子的腦袋吧！」霸氣又幽默的發文，一則則都是笑料。此外，她還會直播做菜，有次她直播煎牛排即吸引 16 萬人收看，她的招牌「YEAH」手勢，不經意就戳中觀眾笑點。

就連向來被視為超脫世外、身處學術殿堂的大學教授，同樣也能在網路時勢下火紅一把，再創事業高峰。近來有「Power 錕」之稱的台大政治學教授李錫錕即是一例，在網友爭相追捧下，從學院內的名師，成為家喻戶曉的「最狂教授」。

李錫錕任職台大近四十年，退休後持續以兼任教授身分開設「政治概論」課，由於教學風格幽默、嗆辣，授課內容不拘束、不教條，緊跟時事脈動之餘，又能與年輕人對話，因此在校園內頗受學生喜愛。

2016年底，一群被李錫錕啟發的學生，為他建立了「Power錕的紙牌屋」臉書粉絲專頁，每隔一、兩天分享李錫錕的課堂教學影片。明快俐落的剪輯、各式逗趣表情包，再搭配李教授豐富的肢體動作、自帶「Power」的講課氣勢，3至6分鐘的短片每每上傳網路，總能立即抓住觀眾的眼球，吸引大批網友瘋狂按讚、轉貼。粉絲專頁成立至今不到一年，李錫錕已擁有50萬臉書粉絲，授課影片更有超過千萬人次觀看，學殿級教授徹底變身網路紅人！

其實粉絲們的跟風心理蔓延，也是網紅的內容是否能被傳遞的重要因素，如同前述的《PPAP》的走紅，也是在名人的驅動之下，造成一波模仿熱潮。眾人都希望走在時代的前列而害怕落後於人，所以，傳播學的「螺旋效應」極易發生。素人出身的網路紅人正好是新鮮話題，可以滿足大眾獵奇、宣洩、平等參與、凸顯個性和自我實現的心理需要，只要善於策劃和炒作，走紅其實一點都不難。

step by step! 網紅新鮮出爐

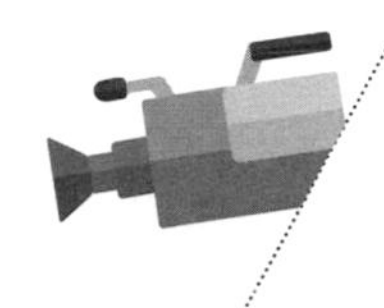

我在前面篇章已經將網紅這個議題的來龍去脈，與大家分享相當多的內容。「全民網紅」時代，要踏進網紅圈裡是件輕而易舉的事情，但能成為大紅大紫的網紅只占少部分，到底怎麼做才能成為網紅？網紅如何打造自己的持續影響力？本章節，讓我來揭祕，成為網紅的四個關鍵步驟。

第一步：修煉出良好的個人氣質

長得漂亮誰不喜歡，顏值高就是王道；以外貌取勝是一般大眾印象中的網紅，第一印象當然是最吸睛的重點。能以貌美來形容的知名網紅更是不勝枚舉，因此，能夠以出眾的外貌示眾，當然是踏出成功的第一步。但無論顏質有幾分，至少打理好外表是基本的「職業道德」。

再來是令人羨慕的身材，這裡並非要鼓吹大家過於追求纖細的身材，像是人氣親子部落客——馬克媽媽，她就是有著令人羨慕的好身材，但她紅在運動、健身有成的理想身材。在現今大眾觀念的改變下，健康有管理的身材才是長久經營之道。要堅持鍛煉，以健康的方式保持身材！

當然也可以運用修圖的小技巧，網路上的發圖，絕大多數都是可透過修圖技巧來美化，是重視形象管理的網紅們必備的技能，但切記不可 P 圖 P 得太誇張，幾乎與本人不符，過與不及都應避免才是。

第二步：精確定位，判斷流行趨勢，建立個人網路據點

要想成為網紅，首先要精確定位，根據自身的優勢，發掘自己最適合的領域，看到自己的自身特點與優勢。我建議以下兩個方法，可以幫助你快速找到定位：

⑴唯一法：找到自己感興趣的領域，列舉出自己的所有優勢，再找到自己優勢中與他人完全與眾不同的優勢，能夠成為某個領域的唯一。

⑵第一法：從自己過往的經歷中，找到自己曾經獲得過第一名的領域，然後分析總結自己之所以能夠成為

第一的原因和優勢，進而放大自己的優勢，成為在某個地區某個領域的第一。

以直播市場為例，時下的網路主播，比較火的主播內容聚集在遊戲線上直播；以唱歌、舞蹈最為常見的娛樂內容；以直播吃飯、購物為主的日常生活。

明確自己的定位以後，還有一個最重要的事，那就是做好市場調查，了解當前各個領域的主播現狀。接著分析粉絲與主播的互動模式，找到影響因素，通過資料變化，準確了解各個行業的行業發展趨勢。你找到的資料週期愈長，愈能反應這個行業的走勢。

透過數據分析，能確定粉絲的需求，再投其所好，進一步設立目標領域。這就是我首先要你確認定位的主要原因，你必須先定位後，逐步判斷你關注行業的發展趨勢，才能知道作為網紅應何時進入自己關注的行業，更懂得何時退出這個行業。

再來就是持續吸收新知，用專業留住粉絲，像是美妝部落客荔枝兒就認為，創意、靈感和美感，是必備的專業技能。尤其美妝部落客競爭激烈，如果沒有獨特的特質、沒有專業的上妝技巧，或是妳的圖片美編、色調或拍攝的模式不好，顯示不出你的獨特，那麼網友憑什麼追隨你？

因此，荔枝兒隨時都在留意市場趨勢與流行話題，從大量觀看新聞、流行雜誌、電視節目，以及觀察影視明星在電影電視裡的穿搭術與用妝法，隨時補充新知識。

不只如此，荔枝兒也持續了解各式各樣的 APP，很多網友會問她用什麼 APP 來拍照，比如「美顏相機」APP 等應用程式，這些現今最新、最火紅的東西，都一定要去了解。唯有不斷提升自己的專業，才能在粉絲心目中立於不敗之地。

做完前置調查準備後，接著就是選定自己的戰場，開始在戰場上殺出一條血路！當然，你得先對前面網紅平台的章節內容有所了解，從 BBS、Blog、SNS、直播及影音平台，一直到最新的即時通訊 APP，對於不同平台使用者的類型加以區分，比如喜愛閱讀文字的用戶不常出沒在直播平台；喜歡互動性的使用者，較少使用文字取向的網紅平台，只要掌握住這總總平台的特色，會讓你在經營粉絲上更得心應手！

第三步：持續創作及與眾不同的內容

現今社會，「網紅」已經成為家喻戶曉的詞彙，就娛樂世界而言，因為引人注目而得到擁戴，因為某種職業而成為萬眾矚目的對象古已有之。然而，任何人都能成為網紅嗎？當然不是，想要成為網紅有一定的條件，其中不少網紅靠的就是自己的才華，尤其是文筆，他們與眾不同的寫作風格迅速俘虜了廣大網友，讓他們走紅於網路。可見，持續創作及與眾不同的內容都可能讓你成為網紅，並且能為你帶來巨大的經濟收益，在網紅經濟逐漸形成一套模式的現在，這一點已經無庸置疑。

而長期經營不可或缺的資產就是「腳本」，就算你一開始只是無心插柳成為網紅的「網紅 er」。如果你想要延續自己的網紅生涯就不能不求思變，空等下一個成為話題的機會，而是必須端出吸引受眾目光，願意持續性關注的菜色，顧客才會絡繹不絕，進一步把粉絲變持續追蹤關注的鐵粉。

是否能開始經營、計劃腳本大綱是進入網紅殿堂後第一個交叉點。誠如「逆水行舟，不進則退」，沒有更進一步的計畫，很快就會被淹沒在這廣闊的網紅海裡。中國大陸初期的網紅中有這麼一號人物——鳳姐，當初的話題熱度甚至連台灣媒體都曾做過關於她的報導，可惜後續沒有經營的概念，這個話題人物就只能「網紅花」一現，話題時效一過就隨之凋謝。

再細部來談這裡所謂的腳本，不僅止於影音、直播影像中所呈現給觀眾的畫面，還包含一切和觀眾接觸的平台內容，SNS 的照片、Po 文、再到回應粉絲的留言等等，都可以概括在我們要講究的「腳本」範圍之中。

像是照片，要如何在成千上萬的圖像中讓人留下印象？我並不是要網紅們每天都為了照片傷透腦筋，當然資深的網紅已經擁有許多黏著度高的粉絲，今天就算只是 Po 一張早餐吃的三明治都會得到回應，但這並不是每位網紅都能享受的待遇，在你還在幼幼班階段，就腳踏實地進行初階、打基礎的基本功吧！

根據統計，SNS 中以食物、旅行等類型的照片最多，可以朝向這方面的圖片操作，比較容易引發共鳴。你可以設計一個主題，把稀鬆平常的分享食物照營造成一項活動，像是「彩虹週」，或是「各大餐廳滷肉飯大比拚的極致挑戰」。

有了廣大的粉絲基礎，下一步，就是提高粉絲的黏著度，每天發布一支影片是「最低限度」。

網紅「那對夫妻」的京燁曾觀察到，如果一天不發影片，從後台來看，確實會影響到觸及率，而觸及率高的時候，粉絲成長的速度比較快。他們曾經試過一天不上傳影片，沒想到粉絲的私訊如雪片般飛來，表示一天沒看到影片，就覺得生活好像少了什麼。

他們也發現，有時候影片沒有很好笑的時候，隔天觸及率也會降下來，甚至一天少了好幾十萬。不過有計畫的腳本，讓他們持續生產有趣的影片給粉絲，曾有憂鬱症粉絲告訴他們，自己因為看了他們的影片而開懷大笑，走出陰影。粉絲正向的回饋，也成為他們持續維持專頁的動力。

但京燁不諱言，剪片不只是個「技術活」，更是個「體力活」，他說經營粉專最大的挑戰，就是「晚上不能好好睡覺」，為了剪出 1 分鐘的影片，剪到天亮是常有的事。

儘管剪片工程浩大，但京燁還是堅持投入大量的時間來製作有笑點的影片，並且由粉專後台的大數據分析，來確定這些梗是否受到歡迎。儘管數據並非核心價值，但透過數據來檢視自己提供的內容是否符合市場需有，找對路線就繼續趁勝追擊；路線錯誤就趕緊加以修正。

你可以像「那對夫妻」一樣，持續養成用影片紀錄生活或事件的習慣。在創作上，平時就持續累積素材，成效好就再考慮拍續集或做成相關延伸，把笑點再進化。持之以恆地做，一定會有收穫。

第四步：病毒式傳播，推廣自己

網紅該如何茫茫網海中推廣自己？病毒式傳播是一個很重要的方法。

病毒式行銷（viral marketing）是現代常用的網路行銷方法，利用的是用戶口碑傳播的原理，在網路上，這種「口碑傳播」更為方便，可以像病毒一樣迅速蔓延，因此成為一種高效的資訊傳播方式。由於這種傳播是用戶之間自發進行的，幾乎不需要任何費用，絕對是網紅必須善用的網路行銷手段。

病毒式在於找到網紅推廣的引爆點，如何找到能夠吸引大眾爭論、關注、轉發的內容是關鍵，而傳播技巧的核心在於如何挑起粉絲的情緒，無論感人或是憤怒，都須讓傳播內容深入受眾心中，在潛移默化中製造自己的影響力。

病毒式傳播傳播速度快，受眾廣，一旦影響力形成，你將是網上最有話語權的人之一，從而獲得巨大的經濟利益和其他收益。

一個好的病毒式行銷計畫，遠遠勝過投放大量廣告所獲得的效果，網紅們如果能通過這一方式推廣自己，並掌握推廣的步驟和方法，絕對事半功倍，如虎添翼。

網紅孵化器，從養成到行銷一條龍

當網紅不再只是單槍匹馬孤軍奮戰，許多業界人士看準網紅相關產業鏈的發展潛力，開始進軍這塊領域，「網紅孵化器」於焉誕生。

顧名思義，網紅孵化器就是培育「網紅」提供一切所需的養分。孵化器是從 Business incubators 一詞轉化來，近年成為產學界重要的語詞，在台灣時常以「育成中心」稱之。無論育成還是孵化，都是打造網紅的訓練中心。

網紅推手的面貌

當網紅已被視為一項產業時，職業團隊、專業打造網紅方式應運而生。從中國大陸的網紅推手來看其發展演變，推手是借助網路媒介進行策劃、實施並推動特定物件，使之產生影響力和知名度的人，這其中包括企業、品牌、事件以及個人。

網紅推手的特徵是熟悉網路行銷手法，了解大眾心理，並且擁有廣大可用資源，擅長透過炒作的方式讓人迅速成名。

網紅推手的行業格局

我們都知道，網路紅人光鮮的背後充斥著網站流量、產品炒作、口水傳播的交易，所以，我們可以說，很多情況下，是網紅推手造就了這些網紅。而隨著他們的走紅，幕後的這些推手也逐漸被人們認知，那麼，網紅推手是如何發展起來的，如今的行業格局又是怎樣的呢？

剛開始的網紅推手主要是以個人工作室的形式零散存在，業務範圍也局限在一個較小的範圍，如今，網紅推手行業，從早年「草根、粗狂式」的推廣模式，朝向「集約、專業式」的模式轉變，近年來已逐漸湧現出一批專業的公司。從 2008 年開始，網紅推手的特點產生了很大的變化，我歸納起來有以下幾點：

⑴專業人才的能力提升。

⑵軟體設備的進化。

⑶產業鏈逐漸形成。

網紅推手背後的問題

網紅推手可以進一步晉升為網紅的經紀人，從資訊傳播的角度來看，網路新媒體的出現，對傳統的「把關人」和「把關」作用構成一定的挑戰。

傳統的媒體人（指的是記者、編輯等）是受過職業教育和專業訓練的，但是在網路媒體中，一度缺失「把關人」概念。因為網路媒體的把關人，最早只是一批只懂得電腦和網路技術的技術人員，缺乏相關的媒體素養認知。

其次，訴求「互動性、去中心化和反權威」的網路，將一部分傳播權力由少數人手中轉移給大眾。網紅推手所扮演的意見領袖角色，也在相當程度上引導著網路輿論的趨向。

目前，網紅推手已逐漸走向組織化、規模化，面對網紅推手日漸職業化的趨勢和素質參差不齊的行業現狀，不少人希望能建立相關的行業規定和行業協會，以此規範行業規則，提高從業者素質。

網路的飛速發展對網站管理者和網紅推手提出了更高的要求，他們必須遵守相關法律，規範道德，做到嚴格自律，才會得到大眾的支持，從而走得更遠。當然，網紅推手要想真正成為具規範的職業，還需要一段時間的努力。此外，在今後的時間內，網紅推手公司就可能晉升為網紅經紀公司，組成商業運作的方式，涵蓋廣告策劃、公關、營業推廣等商業行銷部門，不再僅僅只是一個獨立的職業而已。

網紅經紀公司

目前有近四分之一的中國大陸網紅已經與經紀機構簽約，這個數字還有成長的空間，台灣當然也要不落人後，其中黃冠融堪稱台灣網路影音天王的幕後推手，一手捧紅「蔡阿嘎」、「這群人 TGOP」與「那對夫妻」。他在 2011 年成立超人氣娛樂，2012 年成立台灣達人秀，擅長製作病毒式影片，並且運用靈活的行銷手法，分享至不同平台上。

黃冠融認為現在已經是一個多平台的媒體時代，代表著更多人才需要被看見，而台灣其實有很多好的內容與好的人才，如何讓這些好人才、好內容被看見，就是網紅孵化器下一步的目標。

接著我們來看，過去，華視演員訓練班培訓演藝人員；現在，網紅孵化器加速孵化素人明星。為此，超人氣娛樂與昇華娛樂共同成立「超人氣自媒體天使基金 SUPER ANGLE」，目標是在 3 年內募資 5 億資金，扶植 100 個平台，所有有機會紅的素人，都是他們扶植的對象。

網紅孵化器，就是在培育內容行銷者，讓他的內容被看見；再來是內容的創作者，教他們能夠持續生產有趣的內容，讓粉絲願意繼續看下去，延續爆紅的熱潮；最後，更要提供全套的就業、創業與師資、軟硬體等服務，讓他們成功走向成為網紅的最後一哩路。

想成為網紅，真的沒有想像中容易，不但要能夠自己經營內容、懂美術編排、搞懂所有的互動平台機制、操作各種軟硬體、自己做客服回覆粉絲，現在還要隨時跟上社會流行脈動、以免直播的時候詞窮，當一個網紅真的很累。

而《獨家報導》的《名人堂國際娛樂》早在數年前即看到多媒體平台的趨勢，故而自 2012 年開始，即開始打造多媒體平台。

在電視台同時推出台灣綜藝界嶄新型態的大型選秀節目《亞洲天團爭霸戰》與《十點名人堂》，成為跨足影、視、平面與數位傳媒集團的重要里程碑。《獨家報導》和《名人堂國際娛樂》亦將順應數位平台的趨勢，共同建構「網紅孵化器」，透過數位平台的擴建，挖掘更多來自世界各地的創意人才。因為網紅產業不是泡沫，而是一個翻轉產業，且任何人都能對世界發揮影響力的絕佳契機！

網紅產業盛會

談論網紅平台一定會提及 YouTube，而說到 YouTube 就不能不提到 Vidcon，對於沒有關注相關趨勢的人會有些陌生，但在歐美地區已經是舉辦近十屆的活動。Vidcon 是在美國舉辦的聚會，可視為 YouTube 文化圈一年一度的盛大慶典。該盛會的魅力遍及全球各地，活動的版圖更拓展到澳洲與歐洲。

活動雖為售票方式，卻仍然吸引大批的參與群眾，當中依不同的參加角色，也會有各類活動與收穫。像是粉絲們可以親眼目睹欣賞的 YouTuber 在眼前展現以往在 YouTube 頻道中的表演；對於 YouTuber 而言，此活動便是同業之間的年度交流聚會；更甚者，網紅產業相關廠商也可以在此尋找未來的新商機。

遊戲實況社群平台 Twitch 也會舉辦年度盛會 TwitchCon，我們是不是也可以期待，將來當台灣網紅圈發展成熟後，也能舉辦像是 Vidcon 這樣交流活動或是金鐘獎那樣的頒獎大會？相信這是關注網紅發展的你我，共同期盼的願景。

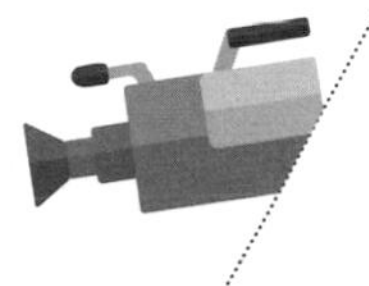

5 網紅新趨勢——小人物的帝國時代

新媒體浪潮強勢襲來

這個章節要談的是筆者最有感的內容，成為媒體人多年，深刻體會媒體的輝煌、沉潛，到現在的轉型即將再創另一個巔峰。從《獨家報導》的轉型來放眼整個媒體環境的變遷，傳統的思維已經無法承載著變化萬千的「新視界」，或許讀者們到現在還摸不著頭緒，怎麼一回首之間，原本認知的媒體都換上了新面貌。

從第四台到網路大平台

全家人守著電視機的時代已然沒落，在客廳裡往往都是人手一機，筆電、平板等移動式 3C 產品，在無線的世界裡，收穫無限的資訊。根據尼爾森廣告監播所公布的數據，2016 上半年的五大媒體廣告量數字，五大媒體量整體縮減 12.5%，且數位廣告量已經超越電視廣告量；媒體投資量將刷新排名，數位媒體成為第一。

數位媒體廣告量已經超越電視，反映出數位媒體成為接觸消費者的第一線管道，顯示移動時代的來臨無庸置疑。台北市數位行銷經營協會（DMA）從調查結果分析，社交廣告、社群內容、行動載具，已成社群傳播金三角；且影音廣告持續高漲，電視預算明顯轉移。

只是現在的傳統媒體，還在用「注意力」來評估「有效度」；還在用「時段」，來統計電視收視率。殊不知，當目光已不再聚焦電視的時候，時段已經不是重點，如何順應消費者的行為來占據他們的時間，才是重點。

例如新聞直播，民眾自行架設簡單設備就能提供事件現場最即時的報導，這樣的時事播放方式對傳統新聞台投下一顆震撼彈，在影音媒體都不敵網路資訊傳播威力的情況下，更遑論需耗費更多時間才能傳遞資訊給閱聽人的紙本媒體。轉型已經勢不可擋，報章媒體跟著提供電子報服務，各大電視台也紛紛加入網路新聞直播行列。

科技再進化

科技的轉型與網紅發展歷程息息相關，從 Web1.0 發展至今，Web 2.0 的部落格興起；Web 3.0 則是人人皆可創新的時代；Web4.0 迎來網紅大爆發的局勢，其中網路的頻寬就是決定性的因素。如今已是 4G 時代，手機業者宣稱在 2020 年即將全面進入 5G 時代，東京奧運宣稱將全面採用 5G 設備，換句話說 2019 年 5G 就會發生。未來 5G 會造成什麼樣的改變呢？

在應用上，業者已經朝兩個方向努力，一個是網路上的高畫質影片所造成的商機，另外一個就是「家庭自動化」（Home Automation）。家庭自動化的功能在 1998 年曾經被拿出來討論，因為那時候網路產業剛開始起步，可能在電冰箱或是電視機等大型家電，作為一個家庭的控制中心。從這些主機遠端控制，再控制家庭所有的電器，例如：電鍋、洗衣機的設定時間；還有家庭保全，可以把閉路電視畫面透過網路傳送到遠在辦公室的電腦。

但是這個產業商機並沒有發生，主要還是大眾使用習性的關係。只有很少部分懂電腦的人會去設定，例如利用電腦來監控家庭裡面是否有盜賊入侵，或是監控家庭裡面老人家的居家照護。可是到了 5G 時代，這些情形又是另一番局面，家庭自動化又被拿出來討論，因為這次的控制中心不再是電腦或是冰箱，它是可以放在口袋裡面的手機。手機不像電腦一樣需要開機關機，而且手機比任何電視、冷氣遙控器都還要小，手機上面還有整套的多媒體裝置，聲音影像一應俱全。

未來使用手機為控制中心，不像電腦那樣要連上網際網路，它可與家裡的電器做通訊，可以利用手機隨時隨地上網控制家電。以後下班回家的路上，到家的半小時之前，按下手機，回到家就有熱騰騰的飯等著你。吃飯的時候，想到等一下要洗衣服，直接把手機按下去，吃飽飯也剛好洗完衣服。晚上睡覺前，只要用手機輕輕地一按，夜間監視系統就開始啟動，不需要再跑到大門口去操作。

5G 時代已經有業者開始預測商機了，而面對 5G 時代的 IP 產業，可能帶來的消費行為新型態，網紅們是否能把握 5G 時代將席捲而來的可能商機呢？

傳統媒體如何進行數位轉型

以我們《獨家報導》來看，邁入 30 而立之年，現在的「獨家報導集團」，已經從單一平面雜誌，變為一個媒體整合平台。除了《獨家報導》之外，還打造《獨家新聞報》、《獨家兩岸新聞報》、《獨家地方報》、《獨家汐止報》、《獨家桃園報》、《獨家台中報》、《獨家台南報》、《獨家高雄報》等報紙；以及《獨家照護誌》、《獨家房地產》等專刊，全面滲透各領域、各地方。

同時成立《獨家國際總裁學院》、《獨家影城》等平台，藉由不同介面多角化經營，不僅將獨家的資源極大化，並且從台灣各角落輻射推向世界各地。《獨家報導》不再只是一個單純傳遞訊息的媒體，已經成為一個跨平台、跨載具的數位媒體移動中心，是一個強而有力的曝光管道及最佳平台。

對於傳統內容經營者來說，電視媒體更豐美，更關鍵的因素，是在影音與影視內容的製作體系與人才。因為，在數位匯流已成必然趨勢的情況下，擁有優質的多媒體影音內容，才能在各國數位環境與法令齊備下，透過數位這條高速公路，快速攻城掠地。

一般的主流媒體在做數位節目時，仍停留在紙本媒體的思考角度，只是將畫面加上音樂，對於數位匯流的觀眾吸引力仍然不足。有別於一般紙本雜誌以「平面媒體」的思維製作影音專題，《獨家報導》直接延攬演藝圈人才來「混血」。

想要製作吸引數位匯流時代的年輕觀眾，除了豐富的節目內容，還要兼具娛樂性、學習性、教育性、互動性。因此，《獨家報導》企圖將綜藝的基因，導入實驗中的數位媒體平台，摸索新傳媒的形式，例如在 2012 年，成立「名人堂國際娛樂」，結合國內知名舞蹈、歌唱、造型名師，擁有歌唱、舞蹈、戲劇、模特兒台步等培訓課程，為一全方位造星平台。

《獨家報導》與在央視及地方衛視製作眾多節目和打造 S.H.E 的名製作人李方儒，聯手製播歌唱、舞蹈、實境秀等內容，由吳宗憲、翁滋蔓主持的大型綜藝節目《亞洲天團爭霸戰》，最後並前往北京進行海選，與台灣隊伍一起競逐總冠軍賽，目的就是將台灣過去數十年來，以自由、多元文化餵養的文化創意基底，化成文創和娛樂產業的養分。

揮別 UGC，迎向 PGC

「裸妝式」網紅將霸占你的螢幕

當眾人紛紛跳進網紅海裡，浮浮沉沉之中，看著陸續出現的新秀，任何人都不願成為那個「長江後浪推前浪，前浪死在沙灘上」的老浪。

專業分工的時代，使得內容走向精緻、這也成功讓網紅發展邁入另一個階段，選擇多了，當然會邁向更精緻化道路。同樣都是拍攝影片，各種畫質選項，若有 1080p，觀眾當然會選擇高畫質的影片觀賞，誰會願意忍受糊成一片的 480p。

拿女生的化妝術語來說，往後的網紅經營模式是朝向「裸妝式」路線。不同於傳統的媒體影像，讓人一眼就能看出是高成本製作的精品級影片，「裸妝式」影片給人感覺看似素人拍攝，但畫面舒適感十足，燈光和收音具有一定品質，若只是隨手拿起手機錄製，絕對無法有同樣的成品。

網紅這事業未來已不是隨時都能以低成本就能成就的大事業，若是不先付出設備的成本，想要在網紅界發展，事倍功半。

內容生產轉型

網紅提供的產品就是內容，如同器物生產經歷過手工、半自動到全自動化生產，內容的生產也有其進化過程。

初期是屬於使用者原創內容（UGC,User Generated Content），在網紅發展進入百家爭鳴的時期，能脫穎而出的就是能以 PGC（Professionally-generated Content）專業生產內容的網紅，像是中國大陸的知識性網紅——羅輯思維的羅胖，他就曾經是央視的資深員工，也在財經節目擔任過觀察員，造就他文字、影視的專業背景。

再譬如 Papi 醬，她畢業於中央戲劇學院，所以具備「編、導、演」三種專業技能，甚至後製工作也難不了她。台灣知名網紅蔡阿嘎除了自己本身對於提供的內容有所研究之外，背後也有一群專業團隊在操作。

觀察這個趨勢若繼續發展下去，圈子裡的人才能掌握成功的祕辛，未來將會是職業生產內容的時代（Occupationally-generated Content, OGC）。有鑑於此，《獨家報導》以堅實的影音團隊，進擊影片搶攻數位媒體市場。

影音力正在顛覆市場，現在世界上最有影響力的事業之一，就是拍電影和拍紀錄片。網紅的口碑成長，絕對和拍攝影片有關，因此想要打造個人或企業的知名度，進擊式影片絕對是必備的武器。《獨家報導》擁有一支堪稱黃金陣容的影音團隊，來自各大電視圈的媒體人，擁有豐富的電視製作經驗，無論電視、影像、活動，都秉持著專業和使命必達的精神，一一完美呈現，為企業建立優質的品牌形象。

小網紅也能建立鴻海帝國

除了前面談及朝向加強專業性的方向努力以外，甚至走向企業經營模式，也將會是網紅未來該思考的方向。組織開始以團隊的方式協力合作，我們表面上看到的網紅只是網紅企業的冰山一角，背後隱藏著專業的團隊，如同公司一般投資，可能是合夥等各種商業模式結合共同經營。

目前中國大陸網紅簽約經紀公司的比例已近三成，網紅正急速往產業化的方向邁進，從螢光幕前到背後的投資，網紅的產業鏈及商業模式已有具體化的型態。

打造網紅企業家

現在，《獨家報導》將平面媒體與影音全面整合，接觸到的受眾範圍將會比以前更廣，而這種雙管齊下的行銷管道，已然成為新時代的宣傳利器，比一般單純的媒體曝光來得更有效果。

有鑑於一般的藝人經紀公司，只著重在挖掘亮眼新星，或是和有名氣的明星配合，《名人堂國際娛樂》將觸角延伸到各領域的名人和企業，以打造明星的模式，讓他們也能夠成為萬眾矚目的焦點，成為自家企業最有力的代言人。

現在許多企業家已經逐漸看到成為網紅的重要性，根據統計，有 83%的美國消費者認為，「網紅企業家」（social-media savvy CEOs）可以更有效的連接消費者、企業員工和投資人。

還有 77%的消費者，更願意選擇「愛用社交媒體的 CEO」的公司產品；更有 82%的消費者表示，如果「CEO 使用社交媒體」，他們會更信任這家公司。

不只如此，75％的消費者認為，如果「企業高管CEO使用社交媒體」，他們就具備更強的領導力，這一數字比兩年前增長了30％；又70％的員工表示，如果「老闆喜歡使用社交媒體」，那麼他們會覺得老闆更具有領導力；52％的員工表示，一個《網紅》老闆，會讓他們更加有靈感去執行並超越，而靈感和指引作用，將使員工更願意留在企業裡。

過去在大陸最火紅的知名網紅企業家，曾經輝煌一時的美妝電商「聚美優品」創始人陳歐，不僅是一個年青企業家，更是一位資深網紅，在他聲勢如日中天的時候，微博的粉絲數量比馬雲還高，2014年5月，聚美優品登陸紐交所，他的身價一夜暴漲，成為當年度亞洲十大年輕富豪。

即便後來聚美優品因為售賣假貨而一蹶不振，然而陳歐成為網紅企業家，代言自家產品，成為企業的品牌形象大使，可說開了先例。在互聯網時代，「流量＋輿論＝利潤」，網紅企業家的形象幾乎等同企業的新時代形象，現在甚至有「年度企業家網紅榜」，錘子科技執行長羅永浩、小米創始人雷軍、格力集團董事長董明珠、李開復等人，都是網路上赫赫有名的企業家網紅。

2016年在《獨家出版社》出版《叫我第一名：總

統裁縫師李萬進，西服職人的究極之路》的紳裝西服董事長李萬進，就是名人堂國際娛樂極力打造的企業網紅。藉由安排廣播訪談、上節目接受訪問、出版專書、搭配雜誌曝光，以及推出影音形象短片，製造一次又一次的曝光機會，讓大眾留下深刻印象，而名人和企業在大眾心中的知名度，在短時間內大幅攀升！

網紅經紀公司

事實上歐美許多 YouTube 已經進入到了職業化生產的時代，就連中國大陸的網紅們也開始步入專業化、職業化的內容生產階段，出現了許多 MCN（multi-channel network）。有許多網紅都已建立自己的專業團隊，讓自己的事業繼續往前進，除了成立公司以外，也製作了屬於自己的網紅節目，最紅的網紅 Papi 醬還創立了自己專屬的影片平台。

但是並非所有網紅都有籌措資本及建立團隊的能力，因此，走向我們前述的 OGC 職業生產內容路線是最適當的選擇。很多網紅選擇加入專業的網紅經紀公司，就如同韓國的練習生選擇進入如 SM 那樣的專業經紀公司，可以享有專業化的訓練，也有後援能夠持續生產出內容，進而讓自己的網紅事業持續延伸。網紅經紀公司能提供設備、資金、訓練，以及專業人員可以協助製作出高品質的內容，甚至網紅經紀公司能以人脈關係，讓旗下網紅發布的內容有效傳遞到各平台。

網紅變現也可以依照「標準化」商業運作，大多數網紅沒有管道與客戶進行接洽，更沒有良好的合作流程，這其實在網紅變現的道路上會造成很大的限制，專業的網紅經紀公司就能解決如此的問題。

他們可以以專業的行銷手法替網紅建立個人品牌、接洽相關工作、規劃活動，甚至可以讓網紅們以與國際大品牌合作、走向國際為目標，這些都是憑網紅一己之力難以達成的境界。

尤有甚者，網紅們在經營自己的網紅事業之餘，也能累積人脈作為自己的資本，未來甚至可以尋得合作機會，開始從事經營網紅運作的事業，最後開設網紅經紀公司，我認為都是大有可能的發展方向。

❶ 不是要網紅們又要專精影片，又要會寫作文章，主線要確認而不是無法兼顧之下，結果能力有限，什麼都無法盡善盡美，反而得不償失。

❷ 要粉絲感覺到你是他生活中的一部分。有了互動之後，要去了解他的需求，解決他的問題。因為一個粉絲的需求，代表了一個族群的需求。

比較社會學（Comparative sociology）裡面分析人類的行為模式，統計在同樣一個時間下，在不同的社會、不同的地點，許多人們會有相同的行為，因而產生相似的文明，所以不可輕忽任何一位粉絲的需求。

幫粉絲解決問題之後，那就要再更拉高層級，去創造粉絲的需要。解決粉絲的問題，可以吸引那批族群的粉絲；然而創造需要，可以讓粉絲爭先恐後前來朝聖。

- 獨家報導，一個充滿故事的媒體
- 獨家報導4大創新，顛覆媒體定位

1 獨家報導，一個充滿故事的媒體

30 歲，對一個年輕人來說，是一個關鍵之年，因為站在人生最重要的十字路口，未來的每一步，都將影響他人生成就的高度。30 歲，對一個企業而言，更代表了一個不凡的意義。根據中華經濟研究院的數據顯示，有四成的中小企業，不到 5 年就「夭折」了，連幼稚園都來不及畢業。尤其對媒體業來說，要撐過 30 年更是不易，曾經當紅一時的《民生報》、《大成報》、《姊妹》都相繼停刊，畢竟面對數位科技的衝擊，如果不能因應浪潮並快速轉型，要走過 30 年，根本天方夜譚。

30 年來，《獨家報導》經歷過媒體百家爭鳴的興盛年代，也走過光碟事件的低潮，甚至因為銷量銳減與經營權之爭而曾停刊過 7 個月。而在此風雨飄搖之際，現任社長張淯臨危受命，接下讓這家老媒體繼續走下去的重責大任，挺身而出解決過去的問題，並且成立新團隊，帶領《獨家報導》邁向新時代。

重生後的《獨家報導》，摒棄過去腥羶色的報導內容，全面取代的是「誠正信實」的正向內容。《獨家報導》不只在台灣發行，發行版圖更擴及美國、澳洲；最難能可貴的是，《獨家報導》至今仍是唯一可以在大陸發行的繁體字雜誌，絕對可以說是全球華人的媒體。

《獨家報導》這 30 年來，歷經以下四個階段，從創辦的篳路藍縷，從大起大落，再到現在脫胎換骨的重獲新生，這一路走來的血淚，唯有身在其中，才能感受箇中滋味。

創始期——戒嚴時期最黑暗的時代 以「捍衛新聞自由」為起點，保障人民知的權利

最黑暗，是因為在戒嚴之前，媒體文字獄時有所聞，當時新聞管控嚴苛，重要節日絕對不能出現敏感文字，稍一不慎就被羅織入罪。戒嚴時代的媒體，最大的任務就是成為政府傳聲筒。

而《獨家報導》正是誕生在這個政風保守，卻民心思變的時代。《獨家報導》創立於 1986 年，報禁還沒開放的年代，捍衛新聞自由的形象鮮明。創辦人沈野在黨禁、報禁未開放的年代，決意創立《獨家報導》，作

為捍衛新聞自由、彰顯社會價值的平台，保障人民知的權利。

《獨家報導》在創刊號就以刊載「江南案殺手之一董桂森的獄中告白」造成社會轟動，3 萬冊一上市就銷售一空。從此，《獨家報導》在台灣傳媒界投下震撼彈，台灣的民主改革開放已成為一條艱辛，卻也回不了頭的路。而《獨家報導》敢於向政府開刀的辛辣風格，讓《獨家報導》成為捍衛新聞自由的重要平台。

全盛期——媒體開放後最輝煌的時代
勇於踢爆內幕，女性雜誌第一品牌

1987 年戒嚴令解除後，隔年台灣雜誌的數量達到 3,922 家，短短 10 年間，雜誌激增至 8 千種，國際中文版進駐，逐漸呈現國際化與集團化的趨勢。此時媒體集團紛紛成軍，媒體競爭白熱化，新聞亦逐漸淪為有心人士宣傳、炒作的工具。

在時尚雜誌中文版紛紛進駐，外資支持的媒體集團陸續成軍之際，媒體經營的思考逐漸以「零售」為獲利來源轉為依靠「廣告」收入生存，揭弊的力道也漸漸趨緩，取而代之的是向企業名人，和對大眾購買力有強大

影響力的影視明星靠攏。

《獨家報導》恭逢其盛這個媒體的黃金年代，將自身的優勢發揮到最高點，因勇於踢爆內幕，長年為女性雜誌第一品牌。不但第一手直擊政經名人、影劇圈不為人知的內幕，更完整搜羅女性讀者最需要的食衣住行資訊，全盛時期髮廊中幾乎人手一本《獨家報導》，長年為女性雜誌第一品牌。

浴火重生期——狗仔文化下最慘烈的時代面臨存亡之戰，以「報真導正、報真導善」

在20世紀尾聲，《獨家報導》辛辣與敢言風格，伴隨著台灣人迸發的能量，共同見證了台灣經濟奇蹟起飛的那一頁。然而，當英國狗仔報文化，浸淫過香港鹹溼的海風，從此改寫台灣的媒體生態，也間接敲響了《獨家報導》的喪鐘。

當媒體只剩「挖掘名人隱私」、「替名人錦上添花」兩種選擇，爆炸的資訊永遠集中在金字塔頂端的當下，新的經營團隊於2011年進入獨家集團，有鑑批評風格的媒體已經太多，普遍的傳媒不斷傳遞負面的消極報導，只會讓社會大眾的負面思維有推波助瀾的作用，對年輕的一代更影響至深。

因此《獨家報導》，決心揮別以往腥羶色的八卦路線，宣告以「報真導正、報真導善」的精神，以傳播正能量的態度，去挖掘更多對眾人有益的資訊、報導社會良善美好的一面，在媒體市場和新聞價值雙雙探底下，仍堅持正面報導，除了接踵創辦人「為公義堅持，替弱勢發聲」的宗旨，更以廣宣方式，成為眾多公益團體的贊助媒體。獨家報導期許成為各行各業的維基解密者，持續為讀者挖掘他們成功的祕密。

大舉擴張期——經營觸角不再局限媒體 跳脫傳統媒體的思維，打造跨平台的傳媒航母

面對這個在數位化之下，「人人都是媒體」的時代，意味平台革命的號角已經響起，傳統的媒體產業鏈已經被擊碎，《獨家報導》也無法自立於外。

科技的快速更迭與大環境對媒體的衝擊，大量充斥免費的資訊，使得資訊與服務變得廉價甚至免費，雖然是嚴峻的挑戰，但是對《獨家報導》而言，反而是最美

好的時代，因為這場「浩劫」將讓媒體重新洗牌，讓《獨家報導》能夠有再次重登榮耀的機會。

智慧手機的興起，使得資訊進入「移動時代」，能在這場平台革命中勝出的企業，才能在鉅變中存活。數位化只是工具，如何整合與優化，以提供讀者最適當、最有價值的閱讀體驗才是關鍵。

比起即時性的電子媒體、善於捕捉議題的週刊，《獨家報導》知道一本綜合性的月刊，讀者要的是什麼！獨家報導累積 30 年的龐大資料庫，將能帶領讀者鑑往知來，提供兼具深度與廣度的報導內容。

不只如此，《獨家報導》更跳脫傳統媒體的思維，在這場平台革命中，以「資源整合平台」為目標，創建跨媒體的綜合平台。

現在，《獨家報導》大張旗鼓，宣告新獨家時代已經來臨，現在我們要說：Ready or not, we arc back!

《獨家報導》重要里程碑

時間	事件
1986 年 10 月創刊江南案殺手告白	獨家報導創刊號，因刊載江南案殺手之一董桂森的「獄中告白」（全文 3 萬字一次登完）而造成社會轟動，3 萬冊銷售一空。
1987 年 5 月目擊蔡辰洲遺體	獨家報導第 17 期發表「蔡辰洲屍體目擊記」及十信案主角蔡辰洲在台北市立第一殯儀館冰庫中之遺體照，揭穿社會上謠傳蔡辰洲業已逃亡中南美國家之謎，再次造成雜誌搶購風潮；不到一周時間，再版三萬冊應市也全部售罄，首次締造了獨家報導雙周刊再版之紀錄。隔期（第 18 期）「我如何拍到蔡辰洲屍照」一文，又引起讀者之高度興趣，尤其公開蔡辰洲入殮前之「化妝照」，更使得獨家報導「圖文並茂」地為社會大眾揭開蔡辰洲存亡真相。
1987 年 7 月揭露愛國獎券涉詐賭	獨家報導第 20 期刊出「我如何連中七次大家樂」一文，文中揭露民國 76 年風靡全台灣、被視為「國賭」的大家樂涉嫌利用愛國獎券搖珠作弊之內幕。同時特闢「愛國獎券頭獎『獨家參考牌』專欄」，一時洛陽紙貴，再版 3 萬冊銷售一空。開創獨家報導雙周刊連續再版，甚至一再再版，連續再版三次之空前紀錄。 接著自第 21 期至 32 期共 13 期，每期之印書量節節上升，從第 21 期之 6 萬冊到突破 36 萬份，創下華文雜誌有史以來紀錄。

1987 年 12 月 終止大家樂賭博歪風	獨家報導連續揭露有人祕密操控台灣銀行愛國獎券每周公開搖獎之機器並從中作弊、販賣明牌牟利，引起社會大眾對台銀對搖獎部門管理不嚴之責備，也引起政府有關部門之重視。為避免大家樂持續附隨愛國獎券變相鼓勵國人賭博，政府遂停止發行數十年之愛國獎券，也使得有「國賭」之稱的大家樂壽終正寢。
1988 年 在台發行量突破 36 萬冊	創下華文雜誌新紀錄。因勇於踢爆名人、影劇圈內幕，長年是生活綜合性雜誌第一品牌，除了發行網絡廣大，在髮廊幾乎人手一本。
1990 年 4 月 正式發行週刊	獨家報導改為周刊發行後，首期以影星汪永芳大膽半裸照為封面，大賣特賣，使得獨家報導雜誌從社會面向涵蓋至影視焦點面向。其後獨家報導於 1992 年曾嘗試另外發行女性雜誌《貴族雜誌》，但因當時市場尚未出現此需求，且印製費用昂貴，於是 1994 年貴族雜誌無償轉送沈野友人。
1995 年 10 月 披露王文洋與呂安妮戀情	第 374 期獨家報導刊出台大博士班落榜女學生呂安妮與台塑企業接班人也是台灣大學教授的王文洋的師生戀之婚紗照與事件祕辛，造成轟動。
2001 年 璩美鳳光碟事件	知名的媒體人璩美鳳於 2001 年與已婚電腦工程師曾仲銘過往甚密，結果被友人拍下性愛光碟。隨後獨家報導除文中報導之外，亦將光碟大量複製隨雜誌附贈。 由於光碟內容

	涉及璩美鳳隱私，引起璩美鳳一狀告上法院，官司纏訟數年之後，獨家報導發行人沈嶸（創辦人沈野女兒）被依「妨礙祕密罪」判處有期徒刑兩年定讞並於 2007 年 3 月入獄，至 2008 年 2 月 26 日才由璩美鳳返台接沈嶸出獄演出大和解。
2008 年 沈野對前妻曲渝青與兒子沈崢提告	要求返還台北市大安區復興南路一段之房產，2009 年法院判決沈野勝訴，但也因此種下日後獨家報導經營權之紛爭。
2009 年 禍起蕭牆	沈野怒告兒子沈崢。
2010 年 5 月 6 日 經營權糾紛	起因於當時為腎病所苦的沈野，在住院前將發行人的負責權交給當時的總編輯林家男。結果沈野子女沈崢及沈嶸於早在 4 月 7 日帶著病重的沈野到雜誌社要求停止代理發行人一職，從事後監視錄影帶的畫面得知，還有一些身著黑衣的不明人士也進了雜誌社，沈家子女出示了解除林家男發行人職務的信函，上面有著沈野的指印。 但隨後雜誌社員工出面表示，沈野委任林家男為發行人的契約是沈野親筆簽名，所以認為沈家子女出示的解除發行人職務信函，在當時沈野已經病到神智不清的情形下，並不能清楚地傳達沈野的意思，雜誌社榮譽董事長馮滬祥更指控，沈家子女有意變賣獨家報導，有違創辦人沈野的原意，因此員工們公開舉行記者會，表示絕不停刊。 經營權之爭爆發後，另

	外引發黑道介入的傳聞，一度引起調查局的積極偵辦。
2010 年 6 月 9 日 沈野辭世	獨家報導週刊雜誌社創辦人沈野先生，2010 年 6 月 9 日凌晨三時，因腎衰竭，併發多重器官衰竭，病逝於台北市中心診所，享年 73 歲。過世前沈野秉承日本「經營之神」松下幸之助「傳賢不傳子」的現代企管精神，在其身體健康時，親自委由當時的經營團隊接班，並將其法制化，經由契約委請總編輯林博凡（即發行人林家男）擔任發行人，並在政府正式登記，完成法定程序。另外，沈野也請出好友馮滬祥，擔任榮譽董事長，幫其繼續傳承理念，永續經營。
2011 年 2 月 發刊休止、進入重整	《獨家報導》在有心人士與財務的雙重壓力下，積欠了員工超過 3 個月薪水，無預警遣散所有員工，中止出刊業務，發行了 1117 期、24 個年頭的獨家報導雜誌就此進入黑暗期。發行人林家男也因此面臨沈家子女的官司纏訟，廠商的債務追討，以及原有資深員工的資遣與退休給付。
2011 年 9 月 獨家再起、二度創刊	在經營權官司告一段落之後，發行人林家男被沈家子女控告的侵占、商標權等官司皆獲得檢察官的不起訴處分，於是林家男積極組織新團隊，於九月份舉行記者會，對外宣告獨家將自月底開始發行第 1118 期，但由於資金仍稱匱乏，新團隊成員皆不予支薪，而發行時間區隔則改為月刊。10 月 1 日，獨家

	報導二度創刊，因應雜誌大小趨勢改為菊八開版本，對外發行至今。
2012 年	包含國際扶輪社、青商會、BNI 等社團，透過《獨家報導》的平台，讓這些 97%台灣中小企業主的成功經驗得以傳承，用以鼓勵新創事業、媒合投資機會。在國際扶輪，台灣捐款占全球第 6，超過 25 萬美金的捐款，更名列全球第 2，而《獨家報導》是台灣唯一可深入扶輪社的媒體。
2012 年 1 月	鬍鬚張傳奇企業特刊發行。
2012 年 3 月 1122 期	一代巨星鳳飛飛的過世，讓重生後、還在摸索的《獨家報導》，有了一次勇敢轉型，以人物描繪時代，用故事淬鍊精神，成為《獨家報導》的特色之一。2012 年 3 月，影音事業部正式成立——獨家報導雜誌正式從平面雜誌跨足新媒體匯流的影音平台。除了致力於將獨家報導，這本擁有 27 年歷史的老雜誌賦予全新生命外，更提供專業的影片拍攝、廣告影片製作，同時為客戶整合最有利的行銷方案，針對不同的目標族群，規劃不同的行銷方案，不僅延伸行銷的廣度，更著眼在影片的深度，以期達到影片最大的效益，為合作夥伴開創無限商機，共創雙贏的局面。

2012 年 5 月	推出台灣綜藝界嶄新型態的大型選秀節目《亞洲天團爭霸戰》與《十點名人堂》，對《獨家報導》來說，既是宿願得償，也是成為跨影、視、平面與數位傳媒集團的重要里程碑。 ・《亞洲天團爭霸戰》：與打造 S.H.E，在大陸深耕 9 年的製作人李方儒，聯手打造結合歌唱、舞蹈與實境秀的大型綜藝節目。主持人是兩岸知名主持人吳宗憲與翁滋蔓。 ・《十點名人堂》：結合勵志愛情偶像劇的創新談話性節目，第一集特別邀請亞洲天王周杰倫。
2012 年 11 月	十一年前因《獨家報導》的傷害，遠走英國的女主角璩美鳳翩然現身於獨家報導。
2013 年 3 月	十大傑出青年人物特刊。
2013 年 4 月	(1)獨家披露台北市議員對「雙子星弊案」的第一手資料，針對纏訟九年的「馮滬祥性侵菲傭案」，獨家公布被主流媒體消音的攻防證詞九大疑點，並透過一起住商混和大樓的住民公安爭議，透視由商家、市議員與建管會所組成的法令迷宮和法律防護網，如何層層綑綁住民的使用權利、侵害住民的居住安全。 (2) 2014 年 1 月以「長期照護」及「熟年健康生活」為訴求的《獨家照護誌》，加上籌備中的《汐止民眾體育報》，讓我們短時間內，得以和更多不同族群接觸，除了有長期照護需求的家庭、為混亂的外傭制

	度所苦的為人子女，到籌辦體育報過程中，從學校乃至家長湧進的心聲，這些長期被主流媒體忽略的聲音，因為被看見、被聽見，所湧現的感動與感激，同樣也溫暖了團隊成員的心。
2014 年 4 月	《重耀工程一甲子 中西工程剪影》特刊發行。
2014 年 8 月	持續催生《獨家汐止報》、《獨家桃園報》、《獨家台南報》 《獨家高雄報》，並同步打造 數位平台。《獨家房地產》、《獨家照護誌》出刊。
2015 年 5 月	力克胡哲萬人演講活動——《獨家報導》共同主辦單位。
2015 年 11 月	《獨家國際總裁學院》暨《獨家孵化育成中心》成立。
2016 年 8 月	獨家出版社《叫我第一名》系列出版。

2 獨家報導 4 大創新，顛覆媒體定位

從重生到大鳴大放，《獨家報導》只花了，短短 7 年的時間。

重生的《獨家報導》，以 4 大創新經營模式，打造廣而深的經營觸角，用多角化的經營，再度站穩腳跟。

創新 1：打造堅實的影音團隊，以進擊影片搶攻數位媒體市場

影音力正在顛覆市場，現在世界上最有影響力的事業之一，就是拍電影和拍紀錄片。放眼世界上所有品牌的口碑成長，絕對和拍攝影片有關。想要打造個人或企業的知名度，進擊式影片絕對是必備的武器。

因此《獨家報導》建立一支堪稱黃金陣容的影音團隊，來自各大電視圈的媒體人，擁有豐富的電視製作經驗，無論電視、影像、活動，都秉持著專業和使命必達的精神，一一完美呈現。

現在，《獨家報導》不再只是一個單純傳遞訊息的媒體，不僅有平面媒體的深度，更兼具影音的娛樂性，已經成為一個跨平台、跨載具的數位媒體移動中心，是一個強而有力的曝光管道及最佳平台。

創新 2：跨足平媒＋影劇人才混血的新傳媒

對於傳統內容經營者來說，電視媒體更豐美，也更關鍵的利基，是在影音與影視內容的製作體系與人才，因為，在數位匯流已成必然趨勢的情況下，擁有優質的多媒體影音內容，才能在各國數位環境與法令齊備下，透過數位這條高速公路，快速攻城掠地。

一般的主流媒體在做數位節目時，仍停留在紙本媒體的思考角度，只是將畫面加上音樂，像是之前另一本知名周刊採用紀錄片的方式為企業做紀錄，但那些節目內容對於數位匯流的觀眾吸引力仍然不足。

有別於一般紙本雜誌以「平面媒體」的思維製作影音專題，《獨家報導》直接延攬演藝圈人才來「混血」。

想要製作吸引年輕數位匯流的觀眾，除了豐富的節目內容，還要兼具娛樂性、學習性、教育性、互動性。

因此，《獨家報導》企圖將綜藝的基因，導入實驗中的數位媒體平台，摸索新傳媒的形式，例如在 2012 年，成立「名人堂國際娛樂」，結合國內知名舞蹈、歌唱、造型名師，擁有歌唱、舞蹈、戲劇、模特兒台步等培訓課程，為一全方位造星平台。

《獨家報導》與在央視及地方衛視製作眾多節目和打造 S.H.E 的名製作人李方儒，聯手製播歌唱、舞蹈、實境秀等內容，由吳宗憲、翁茲蔓主持的大型綜藝節目《亞洲天團爭霸戰》，最後並前往北京進行海選，與台灣隊伍一起競逐總冠軍賽，目的就是將台灣過去數十年來，以自由、多元文化餵養的文化創意基底，化成文創和娛樂產業的養分。

創新 3：為企業名人量身打造「平媒＋經紀」的宣傳平台

隨著科技進步，媒體工具一直在日新月異，《獨家報導》引領時代潮流，從平面雜誌進軍多媒體影音平台，將舊有的東西發揮創意變成新的內容。

現在，《獨家報導》將平面媒體與影音全面整合，接觸到的受眾範圍將會比以前更廣，而這種雙管齊下的行銷管道，已然成為新時代的宣傳利器，比一般單純的媒體曝光來得更有效果。

有鑑於一般的藝人經紀公司，只著重在挖掘亮眼新星，或是和有名氣的明星配合，「名人堂國際娛樂」將觸角延伸到各領域的名人和企業，以打造明星的模式，讓他們也能夠成為萬眾矚目的焦點，成為自家企業最有力的代言人。

例如 2016 年在《獨家出版社》出版《叫我第一名：總統裁縫師李萬進，西服職人的究極之路》的紳裝西服董事長李萬進，就是名人堂國際娛樂極力打造的企業名人。

藉由安排廣播訪談、上節目接受訪問、出版專書、搭配雜誌曝光，以及推出影音形象短片，製造一次又一次的曝光機會，勢必會讓大眾留下深刻印象，而名人和企業在大眾心中的知名度，絕對會在短時間內大幅提升。

創新 4：成立孵化器媒合創業者與投資者

《獨家報導》一向重視人才的培育和發展，因此特別邀請前鴻海集團戰略部門領導人、前台灣發展研究院副院長、現任海爾台灣開放創新中心戰略總監的顧及然先生，推動設立《獨家國際總裁學院》及《獨家孵化育成中心》，並將過去台灣創業家的打拚精神，透過教育積極培育台灣人才向下扎根，鼓勵台灣青年透過創新與創業向上發展，為台灣經濟持續的成長與繁榮，奠定下一個 50 年的基礎。

而新創者最常遇到的難題，就是要去哪裡找錢，或是要怎麼跟投資者搭上線。因此《獨家報導》為了幫助創業者順利圓夢，並且讓好的概念與商業模式，能夠在市場上運行，因此居中媒合新創者與投資者，為新創者找資金，為投資者找前景無限的創業者。

舉例來說，《獨家報導》是台灣少數能深入扶輪社的媒體，隨著扶輪社推動國內「社員倍增計畫」，這群包含各領域企業主、知識白領的台灣扶輪社的層峰人士，也在創投市場上找尋最佳投資標的。而這些扶輪社友的身分既是讀者、廣告客戶，更是創新產業有興趣的投資者，是許多產業和企業都期盼能異業結盟的對象。

而藉由《獨家報導》這個平台，可讓投資者與需要資金的新創者互相媒合，促使資金挹注到有前景的新創者身上，讓新創者不必煩惱資金來源，可以專心經營事業，而投資者也能因為投資不錯的標的，獲得增加身價的機會，並達到幫助別人的目的。這樣不但可以為雙方創造雙贏的局面，更能讓台灣的創投風氣更加普及，使產業界更加欣欣向榮。

未來，《獨家報導》將推出「誰是接班人偏鄉學習營計畫」，目的是為了讓弱勢族群可以自立更生，以及協助慈善機構能夠自主營運。主要的資金來源為政府和企業，而企業也能藉著這個計畫提供工作機會，一方面為自己的公司徵才，另一方面也讓有能力的人才，能夠站上舞台發揮所長。

此外，還可以搭配雜誌做成專題，或是將計畫內容集結成專書出版，甚至推出側拍花絮或是全紀錄影像，讓更多人知道這個具有意義的計畫，並將贊同的想法化為行動，成為弱勢族群的助力，讓他們在社會裡也能有安身立命的地方。

其實促成這一切的核心理念，就是希望這個社會變得更好，因此《獨家報導》拋開過去的沉重包袱，立足於現在一手打造的多元平台；同時放眼未來的發展，秉持不斷創新和持續開拓的精神，大步邁向下一個 30 年，持續成為全球華人最具影響力的媒體巨艦。

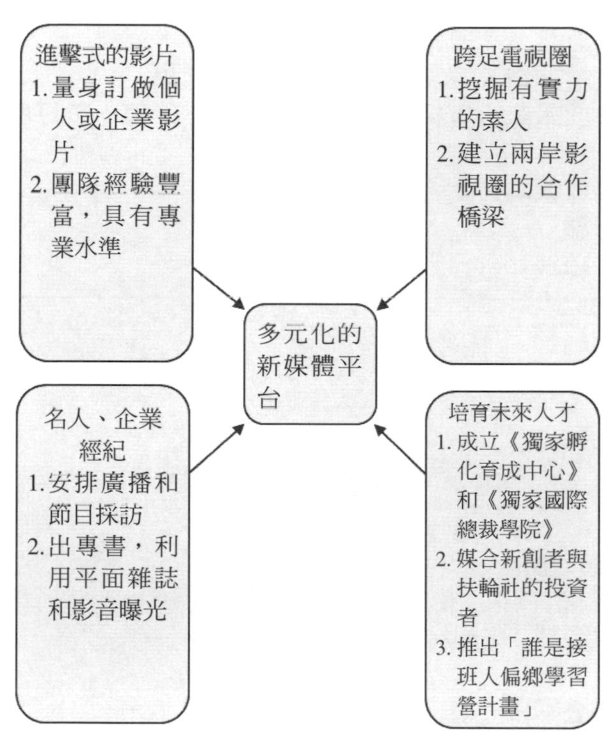
進擊式的影片
1.量身訂做個人或企業影片
2.團隊經驗豐富，具有專業水準
跨足電視圈
1.挖掘有實力的素人
2.建立兩岸影視圈的合作橋梁
多元化的新媒體平台
名人、企業經紀
1.安排廣播和節目採訪
2.出專書，利用平面雜誌和影音曝光
培育未來人才
1.成立《獨家孵化育成中心》和《獨家國際總裁學院》
2.媒合新創者與扶輪社的投資者
3.推出「誰是接班人偏鄉學習營計畫」

▶《獨家報導》多元平台服務

致謝

本書獻給《獨家報導集團》全體員工，
以及感謝貴人好友的一路相挺，
謹以此書獻給支持《獨家報導集團》的每一位好朋友！

《獨家報導》
編輯部
執行總編輯　葉惟禎
主視覺設計總監　孟信心
文字編輯　陳益郎、李宥榛
美術編輯　李孟維

發行部
推廣中心　主任　王志偉

整合行銷部
總監　俞鴻樟
專案經理　陳德治

品牌公關部
網路工程部　林晟威

《名人堂國際娛樂》
影音事業部
副理　陳曉玫
編導　王金文、石雨鑫、賴宏光
攝影　彭級鋒

財務長　潘美儀
總務長　楊漾

窮人自食其力，富人借力使力，透過團隊借力快又有效率！

小成功靠個人，大成功靠團隊！

當前資訊時代，單打獨鬥的成功模式不易，必須仰賴團隊，互助合作，透過滾動的人脈與資源，讓您借力使力不費力！

借力使力等於加速度，借用越多的力量，成功得越輕鬆、越快。

★★★ 借力使力最佳團隊 ★★★

王道增智會

若想創業致富，開啟新的成功人生，只要在 2017 年成為**「王道增智會」**的會員，即可成為王擎天大師的弟子，王擎天博士成為您一輩子的導師後，不僅毫無保留的傳授他成功的祕訣，他所有的資源您也可以盡情享用！博士基於其研究熱情與知識分子的使命感，勇於自我挑戰並自我突破，開辦各類公開招生的教育與培訓課程，提升學員的競爭力與各項核心能力，每年都研發新課程，且所有開出的課程都是既叫好又叫座！王博士在兩岸共計 19 個事業體，其接班人也將由弟子中遴選，機會可謂空前絕後 !!!

「王道增智會」的另一重要功能便是有效擴展你的人脈！透過台灣及大陸各省市**「實友圈（王道下屬機構）」**，您可結識各領域的白領菁英與大陸各級政府與企業之領導，大家互助合作，可快速提昇企業規模與您創業及個人的業務半徑。

除了熱愛學習者紛紛加入**「王道增智會」**之外，想開班授課或想出版書籍者也一定要加入王道增智會！王道增智會所屬**「培訓講師聯盟」**與**「培訓平台」**以提昇個人核心能力與創富人生、心理勵志等範疇，持續開辦各類教育學習課程，極歡迎各界優秀或有潛質的講師們加入。此外，王擎天博士下轄數十家出版社與全球最大的華文自資出版平台，若您想寫書、出書，加入王道增智會，王博士即成為您的教練，協助您將王博士擁有的寶貴資源轉為您所用，與貴人共創 Win Win 雙贏模式！

“優良平台・群英集會，資源共享，共創人生高峰！”

「王道增智會」會員的第一項福利就是

王博士將其往後終身所有的課程一次性地以

「終身年費、終身上課完全免費」

的方式送給您了！

您還在等什麼呢？

報名專線：

02-8245-8318

新・絲・路・網・路・書・店

silkbook.com

www.silkbook.com

國家圖書館出版品預行編目資料

自媒體網紅聖經：沙發上的 idol・客廳裡的 IP・宅達人攻略版／張淯著 -- 初版 . -- 新北市：創見文化出版 , 采舍國際有限公司發行 ,2017.11

面 ; 公分 -- （優智庫 62）

ISBN 978-986-90494-9-8（平裝）

1. 網路產業 2. 網路社群 3. 網路經濟學

484.6　　106015467

自媒體 網紅聖經

出版者 ◤ 創見文化
作　者 ◤ 張淯
副總編輯 ◤ 陳雅貞
特約編輯 ◤ 林正淳、梁寶珠
責任編輯 ◤ 黃鈺文
美術設計 ◤ 吳吉昌、陳君鳳

本書採減碳印製流程並使用優質中性紙（Acid & Alkali Free）與環保油墨印刷，通過綠色印刷認證。

郵撥帳號 ◤ 50017206 采舍國際有限公司（郵撥購買，請另付一成郵資）
台灣出版中心 ◤ 新北市中和區中山路 2 段 366 巷 10 號 10 樓
電　話 ◤（02）2248-7896　傳　真 ◤（02）2248-7758
ISBN ◤ 978-986-90494-9-8　出版日期 ◤ 2017 年 11 月

全球華文市場總經銷 ◤ 采舍國際有限公司
地　址 ◤ 新北市中和區中山路 2 段 366 巷 10 號 3 樓
電　話 ◤（02）8245-8786　傳　真 ◤（02）8245-8718

新絲路網路書店
地　址 ◤ 新北市中和區中山路 2 段 366 巷 10 號 10 樓
電　話 ◤（02）8245-9896　網　址 ◤ www.silkbook.com

創見文化 facebook https://www.facebook.com/successbooks

本書於兩岸之行銷（營銷）活動悉由采舍國際公司圖書行銷部規畫執行。